Über das Weylsche Einbettungsproblem und Monge-Ampèresche Gleichungen

Ralf Wilhelm Muno

Ralf Wilhelm Muno

ÜBER DAS WEYLSCHE EINBETTUNGSPROBLEM UND MONGE-AMPÈRESCHE GLEICHUNGEN

ibidem-Verlag
Stuttgart

Bibliografische Information Der Deutschen Bibliothek

Die Deutsche Bibliothek verzeichnet diese Publikation in der Deutschen Nationalbibliografie; detaillierte bibliografische Daten sind im Internet über <http://dnb.ddb.de> abrufbar.

∞

Gedruckt auf alterungsbeständigem, säurefreien Papier
Printed on acid-free paper

ISBN: 3-89821-224-6

Printed in Germany

Inhaltsverzeichnis

Einleitung

Das Weylsche Einbettungsproblem ist eines der klassischen Probleme der Differentialgeometrie im großen. Obwohl es im Vergleich zu anderen Fragestellungen ziemlich anschaulich und verständlich ist, hat dieses Problem Generationen von Mathematikern beschäftigt.

Hermann Weyl war 1916 der erste, der in seiner Abhandlung „Über die Bestimmung einer geschlossenen konvexen Fläche durch ihr Linienelement“ [32] folgende Frage stellte:

> Gibt es zu jeder auf der Einheitssphäre gegebenen positiv definiten quadratischen Form mit positiver Gaußscher Krümmung eine konkrete Realisierung durch eine Fläche im $\mathbb{R}^3$, also eine Fläche, die diese Form als erste Fundamentalform besitzt?

Erst 1953 löste schließlich Nirenberg [21] mittels einer Kontinuitätsmethode dieses Problem, obwohl es vorher schon Ansätze von Weyl selbst gab [32].

Die Kontinuitätsmethode besteht im wesentlichen darin, die Standardmetrik ds_0^2 der Sphäre $\mathcal{S}^2$ mit einem Weg ds_t^2 (mit Paramter t) so zu verbinden, daß für $t = 0$ sich die Standardmetrik, für $t = 1$ die gesuchte Metrik ds_1^2 ergibt. Da $[0, 1]$ zusammenhängend ist, braucht man dann nur noch die Offenheit und Abgeschlossenheit der Menge der Paramter τ nachzuweisen, für die ds_τ^2 erste Fundamentalform einer Fläche ist. Dann ist diese Menge schon [0, 1], also existiert insbesondere für $t = 1$ eine solche Fläche, und das Problem ist gelöst.

Die vorliegende Arbeit folgt Nirenbergs Pfad, bemüht sich hauptsächlich um den Nachweis der Abgeschlossenheit dieser Menge. Wir werden also für jede Folge von quadratischen Formen $(ds_i^2)_{i\in\mathbb{N}}$, die jeweils erste Fundamentalform einer Fläche X_i sind und gegen eine Grenzform ds^2 konvergieren, zeigen, daß ds^2 erste Fundamentalform einer Fläche X ist. Dazu wäre es gut, wenn die X_i sowie ihre ersten und zweiten Ableitungen gleichgradig stetig wären. Wir benötigen also eine Abschätzung der Form

$$\|X_i\|_{C^{2+\beta}} \leq c, \quad 0 < \beta < 1.$$

Die Methodik, der wir uns dann bedienen, ist etwas subtil, führt jedoch unmittelbar zum zweiten Begriff aus der Überschrift dieser Arbeit, den Monge-Ampèreschen Gleichungen. Alle X_i erfüllen eine solche elliptische Gleichung.

Ein wichtiges Hilfsmittel zur Lösung partieller Differentialgleichungen ist nämlich die Herleitung von a-priori-Abschätzungen für die Lösung. Oft kann man durch solche Abschätzungen schon auf die Eindeutigkeit bzw. Existenz oder Nichtexistenz der Lösung schließen. Hier jeodch stellt man die Methode „von den Füßen auf den Kopf“, da die jeweiligen Flächen prinzipiell bekannt sind. Man nutzt also die Tatsache, daß die X_i Lösungen Monge-Amperèrescher Gleichungen sind, aus, um dann a-priori-Abschätzungen für sie zu erhalten.

Dies gestaltet sich aufgrund der Nichtlinearität solcher Gleichungen als ziemlich schwierig. Die Vorgehensweise, die hier verwand wird, geht auf F. Schulz [31] zurück, der Lewys [19] „charakteristische“ Theorie aufgriff und erweiterte. Sie beschäftigt sich im wesentlichen mit der Bestimmung charakteristischer Parameter (x, y) für eine Fläche $z(u, v)$, die die zweite Fundamentalform

$$II = Ldu^2 + 2Mdudv + Ndv^2$$

in ihre kanonische Form

$$II = \Lambda(dx^2 + dy^2) \quad \Lambda = const.$$

überführt. Diese Fragestellung führt zu konformen Abbildungen sowie Heinz-Lewy-Systemen (oder Darboux-Systemen).

Damit ist es möglich, C^2-Abschätzungen für die Fläche zu erhalten. $C^{2+\beta}$-Abschätzungen erhält man durch zusätzliche Anwendung einer Campanato-Technik, ebenfalls von Schulz entwickelt. Auf diese werden wir aber nicht näher eingehen.

Das erste Kapitel beschäftigt sich mit der Umformulierung des Weylschen Einbettungsproblems, so daß es analytischen Methoden zugänglich wird. Ferner enthält es grundlegende Definitionen und eine gezieltere Erläuterung der Beweisstrategie. Das zweite Kapitel beschäftigt sich fast ausschließlich mit Monge-Ampèreschen Gleichungen und beinhaltet die Herleitung der Gleichung für geschlossene konvexe Flächen. Im dritten Kapitel wird die charakteristische Theorie mit Anwendung auf Monge-Ampèreschen Gleichungen entwickelt, und es werden die benötigten a-priori-Abschätzungen hergeleitet. Kapitel vier schließlich zeigt die Anwendbarkeit der Ergebnisse aus Kapitel drei und beinhaltet zu guter Letzt die Lösung des Weylschen Einbettunsproblems.

Kapitel 1

Das Weylsche Einbettungsproblem

Dieses Einbettungsproblem, welches zuerst von Weyl [32] gestellt wurde, ist eines der klassischen Probleme der Differentialgeometrie. In der Regel — und so wollen wir es auch hier halten — kann man das Problem in ein analytisches umformulieren, welches man mit Methoden der partiellen Differentialgleichungen behandelt.

1.1 Formulierungen des Weylproblems

Es gibt viele äquivalente Formulierungen für das Problem, von denen hier zwei vorgestellt werden. Die erste lautet:

Es sei auf der Einheitssphäre $\mathcal{S}^2$ eine positiv definite quadratische Form überall erklärt. Wir betrachten die quadratische Form als Funktion der Einheitsnormalen. Die Gaußkrümmung dieser Form muß positiv sein, oder genauer: die *formal* aus der quadratischen Form berechnete Gaußkrümmung K ist positiv überall.Existiert dann eine geschlossene, konvexe[1] Fläche im $\mathbb{R}^3$ mit obiger quadratischer Form als erste Fundamentalform?

Etwas abstrakter ist die zweite Formulierung:

Sei ds^2 eine positiv definite quadratische Form auf $\mathcal{S}^2$ mit überall positiver Gaußkrümmung. Kann dann die Riemannsche Mannigfaltigkeit $(\mathcal{S}^2, ds^2)$ isometrisch in den $\mathbb{R}^3$ eingebettet werden?

Obwohl das Problem leicht verständlich ist, ergeben sich bei der Erfassung des Problems in Formeln Hindernisse. Im nächsten Abschnitt werden wir uns einen analytischen Zugang zu der Fragestellung verschaffen.

1.2 Umformulierung des Weylproblems

Wie bereits bei der Formulierung gesehen, sind Objekte wie die Gaußkrümmung oder eine betrachtete quadratische Form auf der Einheitssphäre definiert. Dieser Umstand ist zwar elegant für abstraktere Betrachtungen, sorgt jedoch auch für Schwierigkeiten bei analytischen Fromulierungen. Um mit diesen Objekten rechnen zu können, benötigen wir einen Atlas der $\mathcal{S}^2$. Er erlaubt uns, alle Funktionen, die auf der Sphäre oder als Funktion der Einheitsnormalen gegeben sind, als Funktionen entsprechender Parameterbereiche zu betrachten. Da es prinzipiell nicht möglich ist, einen Atlas für die Sphäre mit nur genau einer Karte anzugeben, beschaffen wir uns mittels *Stereographischer Projektion* einen C^∞-Atlas aus genau zwei Karten. Ferner erweist es sich als günstig, die Parameterbereiche beschränkt zu wählen, da diese nach dem *Satz von Heine-Borel* sofort präkompakt sind.

Es sei

$$\mathcal{S}^2 := \{(x, y, z) \,|\, x^2 + y^2 + (z-1)^2 = 1\}$$

die Einheitssphäre. Wir parametrisieren einen Teil der Sphäre mit Nordpol

[1]Ist die Gaußkrümmung einer Fläche überall positiv, so ist diese auch konvex.

durch

$$\begin{aligned}\varphi : R_1' &\longrightarrow \mathcal{S}^2 \\ (u,v) &\longmapsto \frac{2}{4+u^2+v^2}\left(2u, 2v, u^2+v^2\right)\end{aligned}$$

mit

$$R_1' := \{(u,v) \in \mathbb{R}^2 \,|u^2+v^2 < 3\} =: R_2'.$$

Analog parametrisieren wir einen Teil der Sphäre mit Südpol durch

$$\begin{aligned}\psi : R_2' &\longrightarrow \mathcal{S}^2 \\ (u,v) &\longmapsto \frac{2}{4+u^2+v^2}\left(2u, 2v, 4\right).\end{aligned}$$

Die Umkehrabbildungen der Parametrisierungen existieren und sind ebenfalls C^∞. Die Menge

$$\mathcal{A} := \{(\phi^{-1}, R_1), (\psi^{-1}, R_2)\}$$

mit

$$R_1 := \phi(R_1') \qquad R_2 := \psi(R_2')$$

ist dann ein C^∞-Atlas der Sphäre $\mathcal{S}^2$. Insbesondere gilt

$$\varphi(R_1') \cap \psi(R_2') \neq \emptyset, \; \varphi(R_1') \cup \psi(R_2') = \mathcal{S}^2.$$

Da wir später die Parameterbereiche verkleinern werden, definieren wir noch

$$R_1'' := \{(u,v) \in \mathbb{R}^2 \,|u^2+v^2 < 2\} =: R_2''.$$

Man beachte, daß auch diese Parameterbereiche

$$\varphi(R_1'') \cap \psi(R_2'') \neq \emptyset, \; \varphi(R_1'') \cup \psi(R_2'') = \mathcal{S}^2$$

und

$$R_1'' \Subset R_1', \quad R_2'' \Subset R_2'$$

erfüllen, d.h. der Abschluß von R_1'' ist enthalten in R_1' und der Abschluß von R_2'' in R_2', wobei beide Abschlüssen obendrein noch kompakt sind. Diese Eigenschaften machen wir uns später zunutze, um aus lokalen Abschätzungen auf $\mathcal{S}^2$ globale zu machen.

Der Vorteil des Atlas ist, daß wir nun in der Lage sind, lokale Koordinaten einzuführen. Daher werden wir ab dieser Stelle immer mit lokalen Parametern (u, v) aus $R_1^{'}$ oder $R_2^{'}$ rechnen statt auf der Sphäre. Wenn wir jetzt also Funktionen, Vektoren oder Tensoren auf $\mathcal{S}^2$ definieren, wird dies stets in diesen lokalen Koordinaten erfolgen.

Als nächstes führen wir bestimmte Differenzierbarkeitsklassen auf $\mathcal{S}^2$ ein:

Definition 1.2.1.

$$_1C^m := \{f : R_1' \longrightarrow \mathbb{R} | f^{(m)} \textit{ ist stetig, } {}_1\|f\|_m < \infty\}$$

mit

$$_1\|f\|_m := \sum_{k=0}^{m} \sup_{x \in R_1'} \left| f^{(k)}(x) \right|$$

und

$$_2C_m := \{f : R_2' \longrightarrow \mathbb{R} | f^{(m)} \textit{ ist stetig, } {}_2\|f\|_m < \infty\}$$

mit

$$_2\|f\|_m := \sum_{k=0}^{m} \sup_{x \in R_2'} \left| f^{(k)}(x) \right|$$

Analog definiert man Hölder-Räume:

$$_iC_{m+\alpha} := \{f : R_i' \longrightarrow \mathbb{R} | f^{(m)} \textit{ ist Hölderstetig mit Exponent } \alpha \quad , {}_i\|f\|_m < \infty\}$$

für $i = 1, 2$ *mit Norm*

$$_i\|f\|_{m+\alpha} :=_i \|f\|_m + \sup_{x,y \in R_i} \frac{\left| f^{(m)}(x) - f^{(m)}(y) \right|}{|x - y|^\alpha}, \qquad 0 < \alpha < 1$$

Definition 1.2.2.

$$C_k := \{f : \mathcal{S}^2 \to \mathbb{R} |\ f \circ \varphi^{-1}|_{R_1} \in {}_1C_k, f \circ \psi^{-1}|_{R_2} \in {}_2C_k\},$$

wobei wir jetzt $k \in \mathbb{R}^+$ zulassen dürfen. Die entsprechende Norm für diesen Raum muß C^k- Konvergenz in beiden Teilbereichen der Sphäre sicherstellen, daher definieren wir sie einfach als Summe der Normen von ${}_iC_k$, $i = 1, 2$.

$$\|f\|_k :=_1 \left\|f \circ \varphi_1^{-1}\right\|_k +_2 \left\|f \circ \varphi_2^{-1}\right\|_k < \infty \quad \forall f \in C_k.$$

Bemerkung: Die Klasse C_k, $k \in \mathbb{N}$ ist dann die (aus der Differentialgeometrie bekannte) Klasse der C^k-Funktionen von $\mathcal{S}^2 \to \mathbb{R}$ bezüglich des Atlas $\mathcal{A}$ und der differenzierbaren Standardstruktur des $\mathbb{R}^3$. Da $\mathcal{S}^2$ kompakt und jeder Kartenwechsel C^∞ ist, bedeutet die Zusatzbedingung

$$\|f\|_k < \infty \quad \forall f \in C_k$$

keine Einschränkung.

Der besseren Übersicht halber werden wir statt C_k mit $k \in \mathbb{R}^+$ eher $C_{i+\alpha}$ oder $C^{i,\alpha}$ mit $i \in \mathbb{N}$ und $0 < \alpha < 1$ schreiben. Insbesondere ist $C^{k,1}$ die Klasse der Funktionen, deren k-te Ableitung Lipschitzstetig ist.

Wir benötigen noch weitere Funktionenklassen zur Umformulierung des Weylproblems:

Definition 1.2.3.

$$S_k := \{X = (X_1, X_2, X_3) : \mathcal{S}^2 \to \mathbb{R}^3 |\ X_i \in C_k,\ i = 1, 2, 3\}$$

mit Norm

$$\|X\|_k := \sum_{i=1}^{3} \|X_i\|_k, \quad k \in \mathbb{R}^+$$

Schließlich müssen wir noch den Raum der quadratische Formen auf der Einheitssphäre definieren.

Definition 1.2.4. *Sei*

$$\begin{aligned} ds^2 : \mathcal{S}^2 &\rightarrow (T\mathcal{S}^2)^* \otimes (T\mathcal{S}^2)^* \\ p &\rightarrow ds^2(p) \in (T_p\mathcal{S}^2)^* \otimes (T_p\mathcal{S}^2)^* \end{aligned}$$

wobei $T\mathcal{S}^2$ das Tangentialbündel von $\mathcal{S}^2$, $T_p\mathcal{S}^2$ der Tangentialraum an $\mathcal{S}$ im Punkt p und $(T\mathcal{S}^2)^*$ das Kotangentialbündel von $\mathcal{S}^2$ ist. Dann heißt ds^2 quadratische Form *auf* $\mathcal{S}^2$.

Wir werden diese abstrakte Notation nicht beibehalten, da sie für konkrete Rechnungen unhandlich ist. Es ist wieder sinnvoll, die quadratischen Formen in lokalen Koordinaten (u, v) zu betrachten:

$$ds^2 = E(u,v)du^2 + 2F(u,v)dudv + G(u,v)dv^2.$$

Dabei sind

$$\begin{aligned} E &: R_i' \rightarrow \mathbb{R} \\ F &: R_i' \rightarrow \mathbb{R} \quad i = 1, 2 \\ G &: R_i' \rightarrow \mathbb{R} \end{aligned}$$

Wir nehmen keine Rücksicht darauf, ob wir uns gerade in R_1 oder R_2 befinden.

Wir fassen die quadratische Formen ebenfalls in Differenzierbarkeitsklassen zusammen:

Definition 1.2.5.

$$\begin{aligned} M_k := \{ds^2 = E(u,v)du^2 + 2F(u,v)dudv + G(u,v)dv^2 | \\ E, F, G \in {}_iC_k,\ i = 1, 2\} \end{aligned}$$

Bemerkung: Die Räume M_k und S_k sind Banachräume.

Definition 1.2.6 (Reguläre Fläche).

$$\begin{aligned} X : \mathcal{S}^2 &\rightarrow \mathbb{R}^3 \\ p &\rightarrow X(p) \end{aligned}$$

repräsentiert eine reguläre Fläche, *falls* X *in* $\mathcal{S}^2$ *und die Vektoren* $\frac{\partial X}{\partial u}, \frac{\partial X}{\partial v}$ *(wobei* X *jetzt wie gewohnt als Funktion der Parameter* (u, v) *aufgefaßt wird) in jedem Punkt linear unabhängig sind.*

Korollar 1.2.7. *Die erste Fundamentalform einer regulären Fläche* X *ist positiv definit in jedem Punkt, d.h.*

$$ds^2(u,v)(w,w) > 0 \quad \forall w \in T_{\varphi(u,v)}\mathcal{S}^2 \backslash \{0\}$$

mit

$$ds^2 = (X_u du + X_v dv)^2 = X_u^2 du^2 + X_u X_v du dv + X_v^2 dv^2.$$

Wir sind nun in der Lage, die analytische Umformulierung des Weylschen Einbettungsproblems vorzunehmen.

Auf der einen Seite haben wir die Menge von positiv definiten, quadratischen Formen, die erste Fundamentalform einer konvexen Fläche sind (deren Gaußkrümmung also überall positiv ist). Andererseits benötigen wir eine Menge quadratischer Formen, deren (formal berechnete) Gaußkrümmung positiv ist, von denen wir aber nicht wissen, ob sie erste Fundamentalform einer Fläche sind. Exakter ist

Definition 1.2.8. *Für* $k \geq 2$ *definieren wir:*

$$\begin{aligned} M_k' \quad : \quad &= \{ds^2 \in M_k| \quad ds^2 \textit{ ist überall positiv definit.} \\ &\quad \textit{Die Gaußkrümmung der quadratischen Form ist positiv}\} \\ M_k'' \quad : \quad &= \{ds^2 \in M_k'| \quad ds^2 \textit{ ist erste} \\ &\quad \textit{Fundamentalform einer regulären Fläche}\} \end{aligned}$$

Bemerkung: Die Räume M_k' und M_k'' sind durch Restriktion der Norm von M_k normierte Räume.

Das Weylsche Einbettungsproblem stellt sich jetzt einfach als

$$M_k'' = M_k', \quad k \in \mathbb{R}^+$$

Das Hauptresultat dieser Arbeit wird

$$M_4'' = M_4' \tag{1.1}$$

sein, n.a.W.: Besitzen die Koeffizienten einer positiv definiten quadratischen Form Ableitungen bis Ordnung vier und sind diese endlich, so gibt es bereits eine geschlossene, konvexe Fläche im $\mathbb{R}^3$, die diese Form als erste Fundamentalform besitzt. Nirenberg [21] war der erste, der zu diesem Ergebnis kam.

1.3 Methodik

Im folgenden soll nun die Beweisstrategie und -struktur besprochen werden. Der Beweis besteht im wesentlichen im Nachweis von

$$M_k'' = M_k', \quad k > 4 \tag{1.2}$$

Mit Hilfe elliptischer Regularitätstheorie folgt dann auch (1.1). Zum Nachweis von (1.2) bietet sich eine Kontinuitätsmethode an, d.h. man verbindet die erste Fundamentalform einer Fläche stetig mit einer beliebigen aus M_k''. Nun muß nur noch gezeigt werden, daß entlang dieses Weges allen quadratischen Formen eine Fläche zugeordnet werden kann.

Dies läßt sich am besten mit folgendem Satz aus der Topologie beweisen:

Satz 1.3.1. (Ω, τ) *sei ein topologischer, zusammenhängender Raum,* $\Omega' \subset \Omega, \Omega' \neq \emptyset$ *mit*

- Ω' *ist offen in* Ω
- Ω' *ist abgeschlossen in* Ω.

Dann ist bereits

$$\Omega' = \Omega.$$

Beweis: [26]. □

Auf unseren Fall übertragen bedeutet dies, drei Aussagen zu beweisen:

(A) $M'_{4+\alpha}$ ist zusammenhängend, $0 < \alpha < 1$,

(B) $M''_{4+\alpha}$ ist offen in $M'_{4+\alpha}$,

(C) $M''_{4+\alpha}$ ist abgeschlossen in $M'_{4+\alpha}$.

In $M''_{4+\alpha}$ ist zumindest die erste Fundamentalform der Einheitskugel mit Standardmetrik enthalten, somit ist $M''_{4+\alpha}$ nicht leer.

Wir folgen mit dieser Vorgehensweise Nirenberg [21], der das Weylsche Einbettungsproblem als erster mit dieser Methode gelöst hat. Die Punkte (A) und (B) sind, obwohl technisch aufwendig und nicht trivial, weniger interessant. Ihr Nachweis befindet sich in [21].

Der zentrale Punkt ist (C). Um nämlich die Abgeschlossenheit von $M''_{4+\alpha}$ zu zeigen, benötigt man $C^{2+\alpha}$-Abschätzungen der Vektorfunktion X von der Form

$$\|X\|_{2+\alpha} \leq K.$$

Wir benötigen sie für das

Theorem 1.3.2. *Sei $ds^2 \in M'_4$, es existiere eine Folge $(ds_i^2)_{n\in\mathbb{N}}$ mit $ds_i^2 \in M''_{4+\alpha_i}$, $0 < \alpha_i < 1$ $\forall i \in \mathbb{N}$ mit*

$$\lim_{i\to\infty} \left\|ds_i^2 - ds^2\right\|_4 = 0$$

Dann ist $ds^2 \in M''_4$.

Wir werden den Beweis erst führen, wenn wir entsprechende $C^{2+\alpha}$-Abschätzungen hergeleitet haben. Aus diesem Theorem folgt direkt die Abgeschlossenheit von M''_4.

Um X und die ersten beiden Ableitungen abzuschätzen, benötigen wir das *Theorem von Gauß-Bonnet*, welches uns sofort eine Abschätzung für den Durchmesser der Fläche bei gegebener Gaußkrümmung liefert. Die erste Ableitung von X kann man mit den Koeffizienten der ersten Fundamentalform, deren Beschränktheit vorgegeben ist, in Beziehung setzen, so daß auch für sie eine Abschätzung leicht folgt.

Die Behandlung der zweiten Ableitung sowie deren Hölderstetigkeit ist schwieriger und erfordert eine viel tiefere Einsicht [19, Bemerkung von H. Lewy].

Wir wollen diese Abschätzung mit Hilfe von Ideen von F. Schulz [31] und L. Nirenberg [21] beschaffen.

Dazu werden wir zunächst eine Monge-Ampère-Gleichung (im folgenden durch MAG abgekürzt) für die Hilfsfunktion

$$\rho := \frac{1}{2}(X \cdot X) \tag{1.3}$$

aufstellen, um im Anschluß daran mittels konformer Abbildungen zu a-priori-Abschätzungen für die zweite Ableitung und die Hölderhalbnorm zu gelangen. Dieser Umweg, d.h. eine partielle Differentialgleichung aufzustellen, um dann für die bekannte Lösung eine a-priori- Abschätzung herzuleiten, wird sich als erstaunlich fruchtbar erweisen.

Kapitel 2

Monge-Ampèresche Gleichungen

In diesem Kapitel wollen wir uns zunächst mit allgemeinen Eigenschaften der MAGen beschäftigen und die so erhaltenen vorbereitenden Ergebnisse auf unsere spezielle MAG, die wir daran anschließend herleiten, anwenden. Wir erörtern zunächst verschiedene Typen von MAGen, ihre innermathematischen Anwendungen und Eigenschaften wie Elliptizität. Darauf geben wir einen kurzen Überblick über bisherige Lösungsansätze und tiefergehende Eigenschaften sowie über den Stand der Forschung.

2.1 Die einfache MAG

Definition 2.1.1. *Sei $\Omega \subset \mathbb{R}^2$ ein Gebiet. Die einfache MAG ist eine partielle Differentialgleichung mit gesuchter Funktion u der Form*

$$u_{xx}u_{yy} - u_{xy}^2 = f \tag{2.1}$$

$$\begin{aligned} u : \Omega &\to \mathbb{R} \\ (x,y) &\mapsto u(x,y) \end{aligned}$$

und

$$u_x := \frac{\partial u}{\partial x}, \quad u_{xy} := (u_x)_y \quad \textit{etc.}$$

Dabei ist

$$\begin{aligned} f : \Omega \times \mathbb{R}^3 &\to \mathbb{R} \\ (x,y,u,u_x,u_y) &\mapsto f(x,y,u,u_x,u_y). \end{aligned}$$

Oft schreibt man auch

$$\begin{vmatrix} u_{xx} & u_{yx} \\ u_{xy} & u_{yy} \end{vmatrix} = f(x,y,u,u_x,u_y)$$

um das Charakteristikum der MAGen, die Determinante der Hessematrix der gesuchten Funktion u, deutlicher hervorzuheben. Man kann dieses Konzept natürlich über die Dimension zwei verallgemeinern und betrachtet die Gleichung auch in n Dimensionen

$$\begin{vmatrix} u_{11} & \cdots & u_{n1} \\ \vdots & \ddots & \vdots \\ u_{1n} & \cdots & u_{nn} \end{vmatrix} = f(x^1,\ldots,x^n,u,u_{x^1},\ldots,u_{x^n}), \qquad u_{ij} := u_{x^i x^j}$$

mit

$$\begin{aligned} u : \Omega &\longrightarrow \mathbb{R} \\ (x^1,\ldots,x^n) &\longmapsto u(x^1,\ldots,x^n) \\ f : \Omega \times \mathbb{R} \times \mathbb{R}^n &\longrightarrow \mathbb{R} \\ (x^1,\ldots,x^n,u,u_{x^1},\ldots,u_{x^n}) &\longmapsto f(x^1,\ldots,x^n,u,u_{x^1},\ldots,u_{x^n}), \end{aligned}$$

wobei jetzt natürlich Ω ein Gebiet in $\mathbb{R}^n$ ist.

Für zweidimensionale MAGen hat sich noch eine speziellere Notation eingebürgert. Gleichung (2.1) schreibt sich mit

$$r := u_{xx}, \quad s := u_{xy}, \quad t := u_{yy}, \quad p := u_x, \quad q := u_y \tag{2.2}$$

einfach zu

$$rt - s^2 = f(x, y, u, p, q). \tag{2.3}$$

Wie man aufgrund der verfeinerten Notation schon vermuten kann, ist der zweidimensionale Fall der MAG der am besten erforschte. Wenig ist über den allgemeinen Fall Dimension n bekannt, nur Alexandrow [1] und Aubin [2] haben sich bisher an ihn heran gewagt, und die Ergebnisse ihrer Arbeit sind weitaus schwächer als für den zweidimensionalen Fall.

Viele prominente Probleme der Differentialgeometrie lassen sich auf MAGen zurückführen (nicht zuletzt das Weylsche Einbettungsproblem) oder führen zumindest zu solchen.

Da wäre zunächst das Problem der vorgeschriebenen Gaußkrümmung.

Man gebe sich auf einem zweidimensionalen Gebiet Ω eine C^∞-Funktion $K(x, y)$ vor. Die Frage ist, ob es eine Fläche im $\mathbb{R}^3$ gibt, welche K als Gaußkrümmung besitzt. Repräsentiert man die Fläche M durch die Funktion $u : \Omega \to R$, so ist

$$M = \{(x, y, z) \in \Omega \times \mathbb{R}^3 | \quad z = u(x, y)\}.$$

Die Formel für die Gaußkrümmung der Fläche ist dann

$$u_{xx}u_{yy} - u_{xy}^2 = K(x, y)(1 + |\nabla u|^2), \tag{2.4}$$

welches eine MAG im Sinne von Gleichung (2.1) ist.

Ein weiteres, wichtiges Problem, das *Minkowski-Problem*, welches ebenfalls von Nirenberg [21] gelöst wurde, fragt nach der Existenz einer kompakten, konvexen Fläche im $\mathbb{R}^3$, deren Gaußkrümmung als positive Funktion der Einheitsnormalen der Sphäre $\mathcal{S}^2$ vorgegeben ist. Wie man sich leicht vorstellen kann, gelangt man schnell zu Gleichungen wie (2.4).

Bei einer dem Weylschen Einbettungsproblem ähnliche Frage ergibt sich ebenfalls eine MAG. Sei

$$ds^2 = Edu^2 + 2Fdudv + Gdv^2$$

eine quadratische Form auf $\mathbb{R}^2$. Die Aufgabe ist es, lokal eine glatte Fläche $z = z(x, y)$ zu finden mit

$$ds^2 = dx^2 + dy^2 + dz^2 \tag{2.5}$$

Man muß hier einen Parameterwechsel so vornehmen, daß (2.5) erfüllt wird. Für tiefergehende Informationen und weitere Beispiele eignet sich ein Studium von [18].

2.1.1 Die allgemeine Monge-Ampèresche Gleichung

Wir haben jetzt die einfache MAG ein wenig kennen gelernt, obwohl wir noch keine Eigenschaften oder Schwierigkeiten dieser Gleichung diskutiert haben. Dies wollen wir jetzt tun, jedoch an einer allgemeineren Gleichung, die (2.1) umfaßt. Meistens betrachtet man nämlich

$$Ar + 2Bs + Ct + (rt - s^2) = E, \tag{2.6}$$

wobei

$$\begin{aligned} A &= A(x, y, u, p, q) \\ B &= B(x, y, u, p, q) \\ C &= C(x, y, u, p, q) \\ E &= E(x, y, u, p, q) \end{aligned}$$

und r, t, s, p und q wie in (2.2) definiert sind. Man erkennt sofort, daß man durch Setzen von

$$A = B = C = 0, \quad E = f$$

wieder (2.3) erhält. Mittels quadratischer Ergänzung kann man (2.6) noch etwas übersichtlicher schreiben zu

$$(r + C)(t + A) - (s - B)^2 = \Delta \tag{2.7}$$

$$\Delta := AC - B^2 + E \tag{2.8}$$

2.1.2 Klassifizierung

MAGen sind partielle, nichtlineare Differentialgleichungen zweiter Ordnung. Charakteristikum ist, wie bereits erwähnt, die Determinante der Hessematrix der gesuchten Funktion. Diese Eigenschaft bewirkt die *volle* Nichtlinearität der Gleichung, d.h. MAGen sind nicht einmal quasi- oder semilinear, da Terme höchster Ableitung miteinander multipliziert werden.

Diese Eigenschaft stellt sich einem natürlich bei der Lösung solcher Gleichungen in den Weg, da Linearität bzw. Quasi- oder Semilinearität bei Lösungen von partiellen Differentialgleichungen (wird ab hier PDE abgekürzt) doch von großem Nutzen ist. Beispielsweise ist eine Anwendung der Distributionentheorie, mit deren Hilfe man elegant die Poissongleichung

$$\Delta u = f$$

zu lösen vermag, für (2.6) weitestgehend ausgeschlossen, da sie von Natur aus eine lineare Theorie ist.

Bei nichtlinearen Gleichungen benutzt man meistens eine – schon öfters erwähnte – Kontinuitätsmethode. Dabei versucht man ein gelöstes Problem mit dem ungelösten über einen Weg zu verbinden. Wir wollen dies kurz erläutern an

Theorem 2.1.2. *Seien B,B' Banachräume und L_0, L_1 beschränkte, lineare Operatoren mit*

$$\begin{aligned} L_0 &: B \to B' \\ L_1 &: B \to B'. \end{aligned}$$

Für $t \in [0,1]$ setze

$$L_t := (1-t)L_0 + tL_1.$$

Ferner setze man voraus, daß eine Konstante C existiert mit

$$\|x\|_B \leq C \, \|L_t x\|_{B'} \quad \forall t \in [0,1]$$

Dann gilt: L_1 ist genau dann surjektiv, wenn L_0 es ist.

M. a. W.: hat man

$$y = L_0 x$$

bereits gelöst und erfüllt obige Bedingungen an L_1, so hat man auch

$$y = L_1 x$$

gelöst, d.h. die Existenz der Lösung nachgewiesen.

Beweis: [9, Theorem 5.2]. □

Ist also z.B. L_0 surjektiv und ist man in der Lage, die Abschätzung entlang des „Weges“ L_t zu erfüllen, so hat man das Problem $L_1 x = y$ gelöst. Auf diesem Prinzip beruht die klassische Schaudertheorie.

Oft werden zur Lösung nichtlinearer Differentialgleichungen auch Fixpunktsätze wie der Banachsche oder Schaudersche Fixpunktsatz [27, 28, 29] eingesetzt oder die Methode des Schauder-Lerayschen Abbildungsgrades.

All diesen Methoden ist die Notwendigkeit von a-priori-Abschätzungen der Lösung gemeinsam. Es ist also ein natürliches Bestreben, Abschätzungen unter möglichst schwachen Bedingungen herzuleiten, d.h. möglichst geringe Anforderungen an die Koeffizienten A, B, C und E sowie an die Differenzierbarkeit der Lösung zu stellen. Denn die Regularität der Lösung kann man, nachdem die Lösung gefunden ist, meist leichter nachweisen.

Das folgende Gegenbeispiel von Heinz und Lewy zeigt, daß man im allgemeinen keine Abschätzungen für die zweite Ableitung der Lösung einer MAG bekommt, wenn man nicht gewisse strukturelle Bedingungen an die Koeffizienten A, B, C und E stellt.

Heinz-Lewy-Gegenbeispiel. *Seien $\varepsilon > 0$ und das Anfangswertproblem*

$$f'(x)^3 + \varepsilon f'(x) = x, \quad f(0) = 0$$

gegeben. Es existiert eine reell analytische Lösung f_ε des Problems, so daß

$$|f'_\varepsilon(x)| \le 1 \quad \textit{falls} \quad |x| \le 1.$$

Es ist

$$f''(x) = \frac{1}{3f'(x)^3 + \varepsilon}.$$

Dann erfüllt die Funktion

$$u = u_\varepsilon(x,y) = f_\varepsilon(x) + \frac{y^2}{2}$$

die MAG

$$\begin{aligned} Ar + (rt - s^2) &= (-1 + 3p^2 + \varepsilon)r + (rt - s^2) \\ &= (-1 + 3f'(x)^2 + \varepsilon)f''(x) + f''(x) \\ &= 1 \\ &=: E \end{aligned}$$

Für $x^2 + y^2 \le 1$ ist dann

$$|p| = |f'_\varepsilon(x)| \le 1, \quad |q| = |y| \le 1$$

und

$$\begin{aligned} |A|, |B| \ldots, |E|, |A_x|, \ldots, |A_q|, \ldots |E_{qq}| &\le 5, \\ \Delta &= 1 \end{aligned}$$

Allerdings ist

$$r(0,0) = f''(0) = \frac{1}{3f'(0)^2 + \varepsilon} = \frac{1}{\varepsilon} \longrightarrow +\infty \quad \textit{für } \varepsilon \to 0.$$

Obwohl also die Koeffizienten A, B, C und Δ „gutmütiger“ nicht sein könnten, ist es nicht möglich, zu einer C^2-Abschätzung zu gelangen, da r beliebig groß werden kann.

Mit der Erforschung sinnvoller Bedingungen an die Koeffizienten war und ist man intensiv beschäftigt, so z.B. Aubin [2], der Abschätzungen für die MAG in beliebiger Dimension aufstellte, jedoch dreimalige stetige Differenzierbarkeit von der Lösung forderte. Pionier auf diesem Gebiet war Weyl [32], der durch Abschätzung für die Hauptkrümmung einer Fläche zu Abschätzungen für eine entsprechende MAG gelangte. Danach beschäftigten sich hauptsächlich Heinz [10, 11, 12, 13, 14] und in neuester Zeit Schulz [31] mit diesem Thema.

Eine völlig andere Überlegung zur Lösung von MAGen verfolgten Pogorelov [22, 23, 24] und Yau [33], welche einen geometrischen Ansatz wählten und die Lösung der elliptischen MAG durch Approximation mit konvexen Polyedern zu konstruieren suchten. Allerdings muß man die Regularität der Grenzfunktion noch zusätzlich nachweisen.

2.2 Elliptizität

Wir werden uns auf die elliptische MAG beschränken, da – wie wir sehen werden – die Elliptizität der Gleichung bereits die Konvexität der Lösung nach sich zieht. Das Weylsche Einbettungsproblem befaßt sich sozusagen von Natur aus nur mit der elliptischen MAG.

Definition 2.2.1.

$$F(x, y, u, p, q, r, s, t) = 0$$

sei eine partielle Differentialgleichung, wobei $u = u(x, y)$ *die gesuchte Funktion,* p, q, r, s, t *analog zu (2.2) definiert sind. Die Gleichung heißt* elliptisch, *falls für die charakteristische Form gilt:*

$$F_r\xi^2 + F_s\xi\eta + F_t\eta^2 > 0$$

$\forall(\xi, \eta) \in \mathbb{R}^2$ *mit*

$$\xi^2 + \eta^2 > 0.$$

Dabei muß F *nach* r, s *und* t *differenzierbar sein, man setzt z.B.*

$$F_r := F_r(x, y, z(x, y), \ldots).$$

Lemma 2.2.2. *F ist elliptisch, falls für die Diskriminante*

$$\Delta := F_r F_t - \frac{1}{4} F_s^2 > 0$$

und $F_r > 0$ *gilt.*

Beweis: [31, Remark 3.1.2] □

Korollar 2.2.3. *Die Gleichung (2.6) ist elliptisch, falls*

$$\Delta = AC - B^2 + E > 0$$

in dem betrachteten Gebiet und

$$t + A > 0 \text{ ist.}$$

Beweis:

$$F(x, y, u, p, q, r, s, t) = Ar + 2Bs + Ct + (rt - s^2) - E$$

$$\begin{aligned} F_r &= t + A > 0 \text{ nach Voraussetzung} \\ F_t &= r + C \\ F_s &= 2(s - B) \end{aligned}$$

$$F_r F_t - \frac{1}{4} F_s^2 = (t + A)(r + C) - (s - B)^2 = \Delta$$

□

2.3 Herleitung der Monge-Ampèreschen Gleichung für eine geschlossene konvexe Fläche

An dieser Stelle wollen wir uns der Herleitung der MAG widmen, die uns in dieser Arbeit am meisten interessieren wird. Wir werden sie primär für die Hilfsfunktion ρ benutzen und alle Abschätzungen zunächst für ρ

zeigen. Wie wir uns später überlegen werden, folgt dann bereits aus der Definition (1.3) eine Abschätzung für X.

Sei $M \subset \mathbb{R}^3$ eine geschlossene, konvexe Fläche mit überall positiver Gaußkrümmung, und sei Œ der Ursprung der Mittelpunkt der größten Kugel, die man in M einschreiben kann. $X = X(u,v)$ sei eine lokale Parametrisierung dieser Fläche. Der metrische Tensor dieser Fläche sei gegeben durch

$$(g_{ij})_{i=1,2,j=1,2} := \begin{pmatrix} E & F \\ F & G \end{pmatrix}.$$

Da

$$\begin{aligned} ds^2 &= Edu^2 + 2Fdudv + Gdv^2 = (dX) \cdot (dX) = \\ &= (X_u du + X_v dv) \cdot (X_u du + X_v dv) \\ &= X_u^2 du^2 + 2X_u X_v + X_v^2 dv^2 \end{aligned}$$

ist

$$E = X_u^2, \quad F = X_u X_v, \quad G = X_v^2. \tag{2.9}$$

Ferner sei

$$(h_{ik})_{i=1,2,j=1,2} := \begin{pmatrix} L & M \\ M & N \end{pmatrix}$$

die Koeffizientenmatrix der zweiten Fundamentalform.

Die innere Einheitsnormale (oder Gaußabbildung) der Fläche ist dann gegeben durch

$$X_3 = \frac{1}{\delta}(X_u \times X_v)$$

wobei

$$\delta := \sqrt{EG - F^2} = |X_u \times X_v|$$

Es gelten die Ableitungsgleichungen von Gauß:

$$X_{uu} = \Gamma_{11}^1 X_u + \Gamma_{11}^2 X_v + L X_3, \tag{2.10}$$

$$X_{uv} = \Gamma_{12}^1 X_u + \Gamma_{12}^2 X_v + M X_3, \tag{2.11}$$

$$X_{vv} = \Gamma_{22}^1 X_u + \Gamma_{22}^2 X_v + N X_3, \tag{2.12}$$

und Weingarten:

$$\begin{aligned} X_{3u} &= L_1^1 X_u + L_1^2 X_v, \\ X_{3v} &= L_2^1 X_u + L_2^2 X_v, \end{aligned}$$

wobei die Koeffizienten der Weingartenabbildung L mit der ersten und zweiten Fundamentalform durch die Beziehung

$$L_i^k = \sum_{j=1}^{2} h_{ij} g^{jk}, \quad g^{jk} = (g_{jk})^{-1}$$

verknüpft sind. Γ_{ij}^k sind die *Christoffelsymbole.*

Da

$$\begin{aligned} \rho_u &= X \cdot X_u \\ \rho_v &= X \cdot X_v \end{aligned}$$

ist zunächst

$$\begin{aligned} \rho_{uu} &= X \cdot X_{uu} + X_u^2 = X \cdot X_{uu} + E, \\ \rho_{uv} &= X \cdot X_{uv} + X_u X_v = X \cdot X_{uv} + F, \\ \rho_{vv} &= X \cdot X_{vv} + X_v^2 = X \cdot X_{vv} + G. \end{aligned}$$

Zusammen mit (2.9) und (2.10), (2.11) und (2.12) ergibt sich:

$$\rho_{uu} = \Gamma_{11}^1 \rho_u + \Gamma_{11}^2 \rho_v + L(X \cdot X_3) + E, \tag{2.13}$$

$$\rho_{uv} = \Gamma_{12}^1 \rho_u + \Gamma_{12}^2 \rho_v + M(X \cdot X_3) + F, \tag{2.14}$$

$$\rho_{vv} = \Gamma_{22}^1 \rho_u + \Gamma_{22}^2 \rho_v + N(X \cdot X_3) + G. \tag{2.15}$$

Die Gaußkrümmung der Fläche ist gegeben durch die bekannte Formel

$$K = \frac{h_{11}h_{22} - (h_{12})^2}{g_{11}g_{22} - (g_{12})^2} = \frac{LN - M^2}{\delta^2},$$

was bedeutet, daß

$$K(X \cdot X_3)^2 = \frac{L(X \cdot X_3)N(X \cdot X_3) - M^2(X \cdot X_3)^2}{\delta^2.}$$

Durch Anwendung von (2.13),(2.14) und (2.15) folgert man

$$\begin{aligned} K(X \cdot X_3)^2 &= \frac{1}{\delta^2}(\rho_{uu} - \Gamma^1_{11}\rho_u - \Gamma^2_{11}\rho_v - E)(\rho_{vv} - \Gamma^1_{22}\rho_u \\ &- \Gamma^2_{22}\rho_v - G) - \frac{1}{\delta^2}(\rho_{uv} - \Gamma^1_{12}\rho_u - \Gamma^2_{12}\rho_v - F)^2 \end{aligned}$$

Lediglich $(X \cdot X_3)^2$ muß noch in einen Term, der nur noch ρ und Ableitungen von ρ enthält, umgewandelt werden:

$$\begin{aligned} (X \cdot X_3)^2 &= X^2 - (X \times X_3)^2 = X^2 - \frac{1}{\delta^2}\left[X \times (X_u \times X_v)\right]^2 \\ &= X^2 - \frac{1}{\delta^2}\left[(X \cdot X_u)X_v - (X \cdot X_v)X_u\right]^2 \\ &= 2\rho - \frac{1}{\delta^2}(E\rho_v^2 - 2F\rho_u\rho_v + G\rho_u^2) \end{aligned}$$

Somit folgt also insgesamt die Monge Ampèresche Gleichung

$$\begin{aligned} & F(u, v, \rho, \rho_u, \rho_v, \rho_{uu}, \rho_{uv}, \rho_{vv}) && (2.16) \\ = & \frac{1}{\delta^2}(\rho_{uu} - \Gamma^1_{11}\rho_u - \Gamma^2_{11}\rho_v - E)(\rho_{vv} - \Gamma^1_{22}\rho_u - \Gamma^2_{22}\rho_v - G) && (2.17) \\ - & \frac{1}{\delta^2}(\rho_{uv} - \Gamma^1_{12}\rho_u - \Gamma^2_{12}\rho_v - F)^2 - \\ & K\left[2\rho - \frac{1}{\delta^2}(E\rho_v^2 - 2F\rho_u\rho_v + G\rho_u^2)\right] = 0. \end{aligned}$$

Die Gleichung ist nach Korollar 2.2.3 elliptisch, da

$$\delta^2 K\left[2\rho - \frac{1}{\delta^2}(E\rho_v^2 - 2F\rho_u\rho_v + G\rho_u^2)\right] = \delta^2 K(X \cdot X_3)^2 > 0.$$

Dies drückt im wesentlichen aus, daß die Gleichung genau dann elliptisch ist, wenn die Fläche konvex ist.

An dieser Stelle wollen wir nicht außer acht lassen, daß wir eine MAG für ρ und nicht für X hergeleitet haben. Alle herzuleitenden Abschätzungen werden also zunächst nur für ρ gelten, nicht für X. Allerdings kann man diese Lücke leicht schließen, indem man alle Ableitungen von X durch Ausdrücke in ρ, E, F,G und deren Ableitungen ersetzt. Da man C^2-Abschätzungen für ρ sowie für E, F und G dann bereits hat, erhält man somit automatisch Abschätzungen für X.

Die Vektoren X, X_u und X_v bilden eine Basis des $\mathbb{R}^3$, weil X konvex ist. Mit Hilfe dieser Basis kann man die zweiten Ableitungen von X konkret ausdrücken:

$$\begin{aligned} X \cdot X_{uu} &= \rho_{uu} - E, \\ X_u \cdot X_{uu} &= \frac{1}{2} E_u, \\ X_v \cdot X_{uu} &= F_u - \frac{1}{2} E_v. \end{aligned}$$

Ebenso:

$$\begin{aligned} X \cdot X_{uv} &= \rho_{uv} - F, \\ X_u \cdot X_{uv} &= \frac{1}{2} E_v, \\ X_v \cdot X_{uv} &= \frac{1}{2} G_u \end{aligned}$$

und

$$\begin{aligned} X \cdot X_{vv} &= \rho_{vv} - G, \\ X_u \cdot X_{vv} &= F_v - \frac{1}{2} G_u, \\ X_v \cdot X_{vv} &= \frac{1}{2} G_v. \end{aligned}$$

Dabei ist noch zu bemerken, daß eine Ableitung m-ter Ordnung von X durch Terme, die als höchste die m-ten Ableitungen von ρ, E, F und G beinhalten, ausgedrückt werden kann.

Kapitel 3

Konforme Abbildungen und a-priori-Abschäzungen

3.1 Allgemeines über konforme Abbildungen

Wir werden uns jetzt dem Studium der konformen Abbildungen widmen, die dann zur Uniformisierung gewisser quadratischer Formen dienen werden. Wie sich zeigen wird, kann man diese Technik dann – unter gewissen Voraussetzungen an die Koeffizienten der MAG A,B,C und E – zur Herleitung von a-priori-Abschätzungen verwenden.

Wesentlich dabei ist eine Koordinatentransformation, die eine gegebene Metrik

$$ds^2 = a(x,y)dx^2 + 2b(x,y)dxdy + c(x,y)dy^2$$

auf einem einfach zusammenhängenden Gebiet $\Omega \subset \mathbb{R}^2$ in ihre kanonische Form

$$ds^2 = \Lambda(du^2 + dv^2) \quad \Lambda = const., \Lambda \neq 0$$

überführt. Anwenden wird man diesen Paramterwechsel auf die zur MAG

$$(r + C)(t + A) - (s - B)^2 = \Delta$$

gehörige „charakteristische" quadratische Form

$$ds^2 = (r + C)dx^2 + 2(s - B)dxdy + (t + A)dy^2,$$

d.h. man setzt dann

$$\begin{aligned} a(x,y) &= r + C, \\ b(x,y) &= s - B, \\ c(x,y) &= t + A. \end{aligned}$$

Diese Vorgehensweise liefert dann Gleichungen, die es erlauben, r, s und t durch Ausdrücken in gerade diesem Parameterwechsel darzustellen, welcher sich dann abschätzen läßt. Wir werden uns also mit Existenz und weiteren Eigenschaften des Koordinatenwechsels

$$(x, y) \longmapsto (u, v)$$

beschäftigen sowie erörtern, ob dieser Wechsel lediglich lokal oder auch global (also für ganz Ω) möglich ist. Ferner ist eine Diskussion der Regularität dieses Koordinatenwechsels wichtig, um hinterher Regularitätsaussagen über die Lösung der MAG selbst zu erhalten.

3.2 Cauchy-Riemann-Beltrami-Systeme

Sei $\Omega \subset \mathbb{R}^2$ ein Gebiet. Sei darauf die Riemannsche Metrik

$$ds^2 = a(x,y)dx^2 + 2b(x,y)dxdy + c(x,y)dy^2$$

vorgegeben. Will man sie lokal in ihre kanonische Form

$$ds^2 = \Lambda(du^2 + dv^2), \quad \Lambda \neq 0$$

überführen, führt man neue Parameter $u = u(x, y)$ und $v = v(x, y)$ in einer Umgebung von einem Koordinatenpaar (x_0, y_0) ein, und zwar so, daß der Wechsel

$$\begin{aligned} w : \Omega &\longrightarrow \mathbb{R}^2 \\ (x, y) &\longmapsto (u, v) \end{aligned}$$

ein Diffeomorphismus ist, was heißen will, daß

$$Jw := \begin{vmatrix} u_x & v_x \\ u_y & v_y \end{vmatrix} = u_x v_y - u_y v_x \neq 0. \tag{3.1}$$

Man erhält dann mit

$$\begin{aligned} du &= u_x dx + u_y dy \\ dv &= v_x dx + v_y dy \end{aligned}$$

die Relation

$$\begin{aligned} ds^2 &= a(x, y)dx^2 + 2b(x, y)dxdy + c(x, y)dy^2 \\ = \Lambda(du^2 + dv^2) &= \Lambda \left[(u_x dx + u_y dy)^2 + (v_x dx + v_y dy)^2 \right] \\ &= \Lambda[\left(u_x^2 + v_x^2\right) dx^2 \\ &+ 2\left(u_x u_y + v_x v_y\right) dxdy + \left(u_y^2 + v_y^2\right) dy^2] \end{aligned}$$

woraus mittels Koeffizientenvergleich und $\lambda := \frac{1}{\Lambda}$ folgt:

$$u_x^2 + v_x^2 = \lambda a \tag{3.2}$$

$$u_x u_y + v_x v_y = \lambda b \tag{3.3}$$

$$u_y^2 + v_y^2 = \lambda c \tag{3.4}$$

Ferner gilt mit $d := ac - b^2 > 0$ (da Riemannsche Metriken positiv definit sind)

$$\lambda^2 d = \left(u_x^2 + v_x^2\right)\left(u_y^2 + v_y^2\right) - \left(u_x u_y + v_x v_y\right)^2 = (Jw)^2 .$$

Es ist also

$$\lambda = \frac{Jw}{\sqrt{d}},$$

falls $aJw > 0$.

Bemerkung:

- 1. Falls $aJw > 0$, dann folgt aus (3.2),(3.3) und (3.4) das Cauchy-Riemann-Beltrami-System

$$\sqrt{d}u_x = -bv_x + av_y \qquad (3.5)$$

$$\sqrt{d}u_y = -cv_x + bv_y \qquad (3.6)$$

oder äquivalent dazu

$$\begin{aligned} \sqrt{d}v_x &= bu_x - au_y \\ \sqrt{d}v_y &= cu_x - bu_y \end{aligned}$$

Beweis: Multipliziere (3.2) mit v_y und (3.3) mit v_x :

$$\begin{aligned} u_x(u_xv_y - u_yv_x) &= \lambda(av_y - bv_x) \\ u_y(u_xv_y - u_yv_x) &= \lambda(bv_y - cv_x) \end{aligned}$$

□

2. Die Funktionen $u = u(x, y)$ und $v = v(x, y)$ erfüllen die Integrabilitätsbedingungen

$$\frac{\partial}{\partial x}\left(\frac{cu_x - bu_y}{\sqrt{d}}\right) + \frac{\partial}{\partial y}\left(\frac{-bu_x + au_y}{\sqrt{d}}\right) = 0 \qquad (3.7)$$

$$\frac{\partial}{\partial x}\left(\frac{cv_x - bv_y}{\sqrt{d}}\right) + \frac{\partial}{\partial y}\left(\frac{-bv_x + av_y}{\sqrt{d}}\right) = 0$$

da

$$\begin{aligned} \left(\frac{\partial}{\partial x}\frac{\partial}{\partial y} - \frac{\partial}{\partial y}\frac{\partial}{\partial x}\right) v &= 0 \\ \left(\frac{\partial}{\partial x}\frac{\partial}{\partial y} - \frac{\partial}{\partial y}\frac{\partial}{\partial x}\right) u &= 0 \end{aligned}$$

Für $a = c, b = 0$ reduziert sich dieses System zu

$$u_x^2 + v_x^2 = u_y^2 + v_y^2$$

$$u_x u_y + v_x v_y = 0$$

und das Cauchy-Riemann-Beltrami System geht über in die gewöhnlichen Cauchy-Riemannschen Differentialgleichungen

$$u_x = v_y, \quad u_y = -v_x.$$

3. Seien $\widetilde{u} = \widetilde{u}(x, y)$ und $\widetilde{v} = \widetilde{v}(x, y)$ ebenfalls lokale, uniformisierende Parameter, d.h.

$$ds^2 = \Lambda \left(du^2 + dv^2\right) = \widetilde{\Lambda} \left(d\widetilde{u}^2 + d\widetilde{v}^2\right)$$

und

$$aJ\widetilde{w} > 0.$$

Dann gelten für den Koordinatenwechsel

$$\widetilde{w}(u + iv) := \widetilde{u} + i\widetilde{v}$$

die Cauchy-Riemannschen Differentialgleichungen

$$\frac{\partial \widetilde{u}}{\partial u} = \frac{\partial \widetilde{v}}{\partial v}, \quad \frac{\partial \widetilde{u}}{\partial v} = -\frac{\partial \widetilde{v}}{\partial u},$$

m. a. W.: Koordinatenwechsel, bei denen die Form

$$ds^2 = \Lambda \left(du^2 + dv^2\right)$$

erhalten bleibt, sind konforme Abbildungen.

4. Die Gleichungen (3.2),(3.3) und (3.4) sind äquivalent zum Beltrami-System (3.5) und (3.6), denn angenommen, $w = (u, v)$ löst das Beltrami-System (3.5) und (3.6) und es sei

$$v_x^2 + v_y^2 > 0$$

vorausgesetzt, dann gilt

$$\begin{aligned}
\sqrt{d}Jw &= \sqrt{d}(u_x v_y - u_y v_x) \\
&= (-bv_x + av_y)v_y - (-cv_x + bv_y)v_x \\
&= av_y^2 - 2bv_x v_y + cv_x^2 \\
&= a\left[\left(v_y - \frac{b}{a}v_x\right)^2 + \frac{d}{a^2}v_x^2\right].
\end{aligned}$$

Damit folgt sofort

$$aJw > 0.$$

Ferner gilt mit (3.5) und (3.6)

$$\begin{aligned}
\lambda a &= \frac{a}{\sqrt{d}}(u_x v_y - u_y v_x) \\
&= \frac{a}{\sqrt{d}}\left(u_x \frac{\sqrt{d}u_x + bv_x}{a} - \frac{-\sqrt{d}v_x + bu_x}{a}v_x\right) \\
&= u_x^2 + v_x^2
\end{aligned}$$

$$\begin{aligned}
\lambda b &= \frac{b}{\sqrt{d}}(u_x v_y - u_y v_x) \\
&= \frac{b}{\sqrt{d}}\left(u_x \frac{\sqrt{d}u_y - cv_x}{b} - \frac{cu_x - \sqrt{d}v_y}{b}v_x\right) \\
&= u_x u_y + v_x v_y
\end{aligned}$$

schließlich

$$\begin{aligned}
\lambda c &= \frac{c}{\sqrt{d}}(u_x v_y - u_y v_x) \\
&= \frac{c}{\sqrt{d}}\left(\frac{\sqrt{d}v_y + bu_y}{c}v_y - u_y \frac{bv_y - \sqrt{d}u_y}{a}\right) \\
&= u_y^2 + v_y^2.
\end{aligned}$$

5. Wir wollen uns kurz der Umkehrabbildung von w, der Abbildung w^{inv} widmen. Die Abbildung existiert, da die Determinante $Jw \neq 0$ ist. Sie ist auch eine konforme Abbildung. Das

entsprechende Cauchy-Riemann-Beltrami-System lautet

$$\sqrt{d}x_u = bx_v + cy_v \tag{3.8}$$

$$\sqrt{d}x_v = -bx_u - cy_u \tag{3.9}$$

$$\sqrt{d}y_u = -ax_v - by_v \tag{3.10}$$

$$\sqrt{d}y_v = ax_u + by_u \tag{3.11}$$

Die Gleichungen

$$\begin{aligned} x_u^2 + x_v^2 &= \frac{\lambda c}{(Jw)^2} \\ x_u y_u + x_v y_v &= -\frac{\lambda b}{(Jw)^2} \\ y_u^2 + y_v^2 &= \frac{\lambda a}{(Jw)^2} \end{aligned}$$

entsprechen den Gleichungen (3.2),(3.3) und (3.4). Ersetzt man noch Jw nach (3.1) so erhält man

$$\begin{aligned} \frac{\lambda a}{\sqrt{d}} &= \frac{y_u^2 + y_v^2}{u_x v_y - u_y v_x} \\ -\frac{\lambda b}{\sqrt{d}} &= \frac{x_u y_u + x_v y_v}{u_x v_y - u_y v_x} \\ \frac{\lambda c}{\sqrt{d}} &= \frac{x_u^2 + x_v^2}{u_x v_y - u_y v_x} \end{aligned}$$

6. Falls die Koeffizienten der Metrik ds^2 von der Klasse C^1 sind und die Abbildung

$$(x, y) = (x(u, v), y(u, v))$$

von der Klasse C^2 ist, so erhält man durch Ableitung von (3.8)-(3.11) und mit der Definition

$$L_d := \frac{\partial}{\partial u}\left(\sqrt{d}\frac{\partial}{\partial u}\right) + \frac{\partial}{\partial v}\left(\sqrt{d}\frac{\partial}{\partial v}\right)$$

ein sogenanntes *Heinz-Lewy-System*

$$
\begin{aligned}
L_d x &= \left(\sqrt{d}x_u\right)_u + \left(\sqrt{d}x_v\right)_v & (3.12)\\
&= b_u x_v + c_u y_v - b_v x_u - c_v y_u \\
&= (c_x - b_y)(x_u y_v - x_v y_u) \\
L_d y &= (a_y - b_x)(x_u y_v - x_v y_u) & (3.13)
\end{aligned}
$$

7. Wir betrachten jetzt die spezielle Metrik

$$
ds^2 = (A(x,y) + z_{xx})\,dx^2 + 2\,(B(x,y) + z_{xy})\,dxdy + \\ (C(x,y) + z_{yy})\,dy^2
$$

mit einer Funktion z der Klasse C^3. Dann lautet das System (3.12) und (3.13)

$$
\begin{aligned}
L_d x &= (C_x - B_y)(x_u y_v - x_v y_u) \\
L_d y &= (A_y - B_x)(x_u y_v - x_v y_u).
\end{aligned}
$$

Wie der Leser sicher schon vermutet, ist dies ein Bezug zu MA-Gen, denn für die Gleichung

$$
\mathcal{F}(x, y, z, z_x, z_y, z_x x, z_x y, z_y y) =
$$

$$
(A(x,y) + z_{xx})\,(C(x,y) + z_{yy}) - (B(x,y) + z_{xy})^2 \\ - \Delta(x, y, z, z_x, z_y) = 0
$$

ergibt sich

$$
\begin{aligned}
\mathcal{F}_{z_{yy}} &= A(x,y) + z_{xx} \\
\mathcal{F}_{z_{xy}} &= B(x,y) + z_{xy} \\
\mathcal{F}_{z_{xx}} &= C(x,y) + z_{yy}.
\end{aligned}
$$

Dies sind gerade die Koeffizienten der Metrik ds^2.

3.3 Existenz lokaler, uniformisierender Paramter

Wir wollen nun zunächst die Existenz uniformisierender Paramter im Lokalen beweisen. Das folgende Lemma wird ein wichtiges Hilfsmittel bei der Beschaffung einer entsprechenden Aussage im großen sein.

Lemma 3.3.1. *a,b und c seien reell analytisch in Ω und erfüllen*

$$d = ac - b^2 > 0.$$

Ferner sei $(x_0, y_0) \in \Omega$ ein beliebiges Punktepaar.

Dann existiert eine reell analytische Abbildung $w = (u, v)$ in einer Umgebung von (x_0, y_0), die das Beltrami-System

$$\sqrt{d}u_x = -bv_x + av_y \tag{3.14}$$

$$\sqrt{d}u_y = -xv_x + bv_y \tag{3.15}$$

erfüllt, so daß

$$aJw = a(u_x v_y - u_y v_x) > 0 \tag{3.16}$$

Beweis: Die Integrabilitätsbedingung (3.7) mit den Anfangsbedingungen

$$v(x_0, y) = 0, \quad v_x(x_0, y) = 1$$

kann mit dem *Cauchy-Kovalevsky Theorem* [17] gelöst werden. Setze dann

$$u(x, y) = \int_{(x_0,y_0)}^{(x,y)} \left(\frac{-bv_x + av_y}{\sqrt{d}} dx - \frac{cv_x - bv_y}{\sqrt{d}} dy \right)$$

wobei die Integration entlang der Strecke von (x_0, y_0) nach (x, y) ausgeführt wird. Die Gleichungen (3.14) und (3.15) sind dann erfüllt, wie man durch einfaches Nachrechnen herausfinden kann. Gleichung (3.16) ist erfüllt, da

$$v_x^2 + v_y^2 > 0$$

und Bemerkung 4. hier Anwendung finden. □

Direkter auf quadratische Formen kann man das folgende Theorem anwenden:

Theorem 3.3.2. *Sei ds^2 eine reell analytische Riemannsche Metrik in einem Gebiet Ω. In lokaler Parametrisierung sei also*

$$ds^2 = a(x,y)dx^2 + 2b(x,y)dxdy + c(x,y)dy^2$$

mit a, b und c reell analytisch und

$$\Delta := ac - b^2 > 0.$$

Es sei ferner

$$\overline{B_R} = \overline{B_R}(x_0, y_0) \subset \Omega,$$

eine abgeschlossene Kugel mit Radius R ganz in Ω.

Dann existiert ein reell analytischer Homöomorphismus $w = (u, v)$ von B_R auf

$$B := \{u^2 + v^2 < 1\}$$

mit $w(x_0, y_0) = 0$, so daß

$$ds^2 = \frac{\sqrt{\Delta}}{Jw}\left(du^2 + dv^2\right)$$

und

$$aJw = a(u_x v_y - u_y v_x) > 0.$$

Beweis: Nach Lemma 3.3.1 existieren lokal für jedes Paar (x_0, y_0) uniformisierende Paramter $w = (u, v)$ mit $aJw > 0$.

Seien $(x_0, y_0) \in \partial B_R$. Da Koordinatenwechsel nach Bemerkung 3. wieder konforme Abbildungen sind, existieren eine Umgebung $\mathcal{N}(x_0, y_0)$ und eine Abbildung, die $B_R \cap \mathcal{N}(x_0, y_0)$ so auf ein Gebiet der oberen Halbebene $v > 0$ abbildet, daß $\partial B_R \cap \mathcal{N}(x_0, y_0)$ in eine Stück der reellen Achse $v = 0$ überführt wird, m. a. W. der Rand von B_R kann mit einer konformen Abbildungen lokal begradigt werden.

Zusammen mit dieser Struktur ist B_R eine endliche, einfach zusammenhängende Riemannsche Fläche (vgl. [30]). Nach dem (großen) *Riemannschen Abbildungssatz* folgt, daß B_R konform auf $B = \{u^2 + v^2 < 1\}$ durch eine reell analytische Funktion $w = (u, v)$ mit $w(x_0, y_0) = 0$ und $aJw > 0$ abgebildet werden kann. □

Die Anwendung auf MAG läßt nicht lange auf sich warten:

Theorem 3.3.3. *A, B und C seien Funktionen der Klasse $C^1(\Omega)$, und sei $z \in C^{2,\mu}(\Omega)$ für ein $\mu, 0 < \mu < 1$, so daß*

$$\Delta = (A + z_{xx})(C + z_{yy}) - (B + z_{xy})^2 > 0.$$

Sei $\overline{B_R} = \overline{B_R}(x_0, y_0) \subset \Omega$. Dann existiert ein Homöomorphismus

$$(x, y) = (x(u, v), y(u, v))$$

von $\overline{B} = \{u^2 + v^2 < 1\}$ auf $\overline{B_R}$ der Klasse $C^{1,\mu}_{lok}(B)$ mit

$$x(0) = x_0, \quad y(0) = y_0,$$

welcher folgende Gleichungen erfüllt:

$$L_\Delta x = (C_x - B_y)(x_u y_v - x_v y_u) \tag{3.17}$$

$$L_\Delta y = (A_y - B_x)(x_u y_v - x_v y_u), \tag{3.18}$$

wobei

$$L_\Delta := \frac{\partial}{\partial u}\left(\sqrt{\Delta}\frac{\partial}{\partial u}\right) + \frac{\partial}{\partial v}\left(\sqrt{\Delta}\frac{\partial}{\partial v}\right)$$

$$J(x, y) := x_u y_v - x_v y_u \neq 0$$

und

$$\begin{aligned} \frac{A + z_{xx}}{\sqrt{\Delta}} &= \frac{y_u^2 + y_v^2}{J(x, y)} \\ -\frac{B + z_{xy}}{\sqrt{\Delta}} &= \frac{x_u y_u + x_v y_v}{J(x, y)} \\ \frac{C + z_{yy}}{\sqrt{\Delta}} &= \frac{x_u^2 + x_v^2}{J(x, y)}. \end{aligned}$$

Beweis: (Skizze)

Da die Koeffizienten von ds^2 nicht mehr reell analytisch sind, muß man sie durch Polynome approximieren. Man erhält somit eine Folge von Abbildungen (x_n, y_n), die, wie man zu zeigen hat, gegen eine hinreichend reguläre Abbildung konvergiert. Der genaue Beweis befindet sich in [31, Thm 6.3.2]. □

3.4 Elliptische Heinz-Lewy-Systeme

Definition 3.4.1. *Sei $\Omega \subset \mathbb{R}^2$ ein Gebiet. Ein* Heinz-Lewy-System *ist ein System von partiellen Differentialgleichungen mit gesuchter Funktion $w = (u, v) = w(x, y) = w(z) \in C^1(\Omega)$ der Form*

$$Lu = h_1 |Du|^2 + h_2 Du \cdot Dv + h_3 |Dv|^2 + h_4 Du \wedge Dv \quad (3.19)$$

$$Lv = \widetilde{h}_1 |Du|^2 + \widetilde{h}_2 Du \cdot Dv + \widetilde{h}_3 |Dv|^2 + \widetilde{h}_4 Du \wedge Dv \quad (3.20)$$

mit

$$L := -\frac{1}{a(z,w)} \left(\frac{\partial}{\partial x} \left(a(z,w) \frac{\partial}{\partial x} \right) + \frac{\partial}{\partial y} \left(a(z,w) \frac{\partial}{\partial y} \right) \right).$$

Die Koeffizienten $h_1, \ldots, h_4, \widetilde{h}_1, \ldots, \widetilde{h}_4$ hängen dabei explizit von w ab, a ist eine Funktion mit

$$\begin{aligned} a : \Omega \times \mathbb{R}^2 &\to \mathbb{R} \\ (x, y, w) &\mapsto a(x, y, w) \end{aligned}$$

Es läßt sich folgende Aussage treffen

Theorem 3.4.2. *Sei $w(z)$ ein Homöomorphismus von einer abgeschlossenen Kreisscheibe $\overline{B}$ auf sich selbst von der Klasse $W^{1,2}$, die (3.19) und (3.20) sowie folgende Annahmen erfüllt:*

1.

$$a \in C^{\mu}(\Omega \times \mathbb{R}^2)$$

für ein $\mu, 0 < \mu < 1$, *so daß*

$$0 \leq \lambda \leq a(z,w) \leq \Lambda < \infty \quad \forall (z,w) \in \Omega \times \mathbb{R}^2$$

und

$$[a]_\mu^{\Omega \times \mathbb{R}^2} := \sup_{\xi,\eta \in \Omega \times \mathbb{R}^2} \frac{|a(\xi) - a(\eta)|}{|\xi - \eta|^\mu} \leq H.$$

2. $h_1, \ldots, h_4, \widetilde{h}_1, \ldots, \widetilde{h}_4$ *sind beschränkte, Borel-meßbare Funktionen auf* $\mathbb{R}^2$, *so daß*

$$|h_1|, \ldots, \left|\widetilde{h}_4\right| \leq M_0 \quad \forall w \in \mathbb{R}^2.$$

Für die Funktionen

$$\begin{aligned} \omega_1(w) &: = \widetilde{h}_1(w) \\ \omega_2(w) &: = h_1(w) - \widetilde{h}_2(w) \\ \omega_3(w) &: = h_2(w) - \widetilde{h}_3(w) \\ \omega_4(w) &: = h_3(w) \end{aligned}$$

gilt

$$[\omega_1]_{0,1}^{\mathbb{R}^2}, \ldots, [\omega_4]_{0,1}^{\mathbb{R}^2} \leq M_1,$$

ferner sei

$$w(0) = 0$$

sowie

$$\int_\Omega |Dw|^2 \, dxdy \leq M,$$

wobei M_0, M_1, M *Konstanten sind.*

Dann ist

$$w \in C_{lok}^{1,\mu}(B)$$

und die Jacobische $Jw(z)$ *verschwindet nirgends. Es gilt*

$$\|w\|_{C^{1,\mu}} \leq C(\mu, \lambda, \Lambda, H, M_0, M_1, M, R)$$

sowie

$$Jw(z) \geq c(\mu, \lambda, \Lambda, H, M_0, M_1, M, R) > 0$$

mit Konstanten c, C.

Beweis: [31, Thm 8.3.2] □

Zusammenfassung: Die bisher besprochenen Eigenschaften von konformen Abbildungen liefern wie gewünscht eine Transformation einer quadratischen Form auf einfache Gestalt. Dies ist lokal wie global möglich, wobei man jedoch den bedeutenden (großen) *Riemannschen Abbildungssatz* verwendet, mit dem man alle Riemannschen Flächen mit trivialer Topologie auf drei wesentliche zurückführen kann. Wir haben auch konkrete Abschätzungen für die Parametertransformation erhalten und sichergestellt, daß deren Jacobische Determinante nach unten abgeschätzt werden kann.

Im folgenden Abschnitt wollen wir endlich konkrete Abschätzungen für MAGen berechnen, um dann im nächsten Kapitel deren Anwendbarkeit auf das Problem (2.16) zu beweisen.

3.5 A-priori-Abschätzungen für Monge-Ampèresche Gleichungen

Mit der in den vorigen Kapiteln entwickelten Theorie der konformen Koordinaten sind wir nun in der Lage, die „charakteristische“ quadratische Form einer MAG,

$$ds^2 = (r + C)dx^2 + 2(s - B)dxdy + (t + A)dy^2,$$

in ihre Normalform

$$ds^2 = \Lambda(du^2 + dv^2)$$

zu überführen. Diese Transformation liefert Übergangsgleichungen, mit denen man die zweiten Ableitungen r, s und t in Termen des konformen

Paramterwechsels ausdrücken kann. Es wird sich dann zeigen, daß der Parameterwechsel leichter abzuschätzen ist als r, s und t selbst. Die folgende Proposition liefert die Existenz eines solchen konformen Paramterwechsels:

Proposition 3.5.1. *Sei $z \in C^{1,1}(\Omega)$ eine Lösung der MAG (2.6). Ferner seien*

$$A, B, C \in C^1(\Omega \times \mathbb{R}^3),$$
$$\Delta \in C^\mu(\Omega \times \mathbb{R}^3) \quad 0 < \mu < 1$$

und $\overline{B}_R = \overline{B}_R(x_0, y_0) \subset \Omega$.

Dann existiert ein Homöomorphismus $(x, y) = (x(u, v), y(u, v))$ von $\overline{B} = \{u^2 + v^2 \leq 1\}$ auf $\overline{B}_R$ von der Klasse $C^{1,\mu}_{lok}(B)$ mit $x(0) = x_0, y(0) = y_0$ und

$$J(x, y) = x_u y_v - x_v y_u \neq 0,$$

$$\frac{t + A}{\sqrt{\Delta}} = \frac{|Dx|^2}{J(x, y)}, \tag{3.21}$$
$$-\frac{s - B}{\sqrt{\Delta}} = \frac{Dx \cdot Dy}{J(x, y)}, \tag{3.22}$$
$$\frac{r + C}{\sqrt{\Delta}} = \frac{|Dy|^2}{J(x, y)}, \tag{3.23}$$

sowie

$$Lx = h_1 |Dx|^2 + h_2 Dx \cdot Dy + h_3 |Dy|^2 + h_4 Dx \wedge Dy,$$
$$Ly = \widetilde{h}_1 |Dx|^2 + \widetilde{h}_2 Dx \cdot Dy + \widetilde{h}_3 |Dy|^2 + \widetilde{h}_4 Dx \wedge Dy,$$

mit

$$L := -\frac{1}{\sqrt{\Delta}} \left[\frac{\partial}{\partial u} \left(\sqrt{\Delta} \frac{\partial}{\partial u} \right) + \frac{\partial}{\partial v} \left(\sqrt{\Delta} \frac{\partial}{\partial v} \right) \right],$$

und

$$
\begin{aligned}
h_1(x,y) &= -B_q,\\
h_2(x,y) &= A_q + B_p,\\
h_3(x,y) &= -A_p,\\
h_4(x,y) &= -\frac{1}{\sqrt{\Delta}}\{A_x + A_z p + B_y + B_z q - A_p C\\
&+ (A_q + B_p)B - B_q A\},\\
\widetilde{h}_1(x,y) &= -C_q,\\
\widetilde{h}_2(x,y) &= B_q + C_p,\\
\widetilde{h}_3(x,y) &= -B_p,\\
\widetilde{h}_4(x,y) &= -\frac{1}{\sqrt{\Delta}}\{B_x + B_z p + C_y + C_z q + B_p C\\
&+ (B_q + C_p)B - C_q A\}
\end{aligned}
$$

Beweis: Zur MAG (2.6) definieren wir eine quadratische Form

$$
\begin{aligned}
ds^2 &= F_t dx^2 - F_s dxdy + F_r dy^2\\
&= (r + C)dx^2 + 2(s - B)dxdy + (t + A)dy^2\\
&= (r + \widetilde{A})dx^2 + 2(s + \widetilde{B})dxdy + (t + \widetilde{C})dy^2.
\end{aligned}
$$

Dann gilt nach Theorem 3.3.3, daß charakteristische Parameter (u, v) existieren, die darüberhinaus die Relationen (3.21),(3.22) und (3.23) erfüllen. Ferner gilt nach (3.17) und (3.18)

$$
\begin{aligned}
-\sqrt{\Delta}Lx &= L_\Delta x = (\widetilde{C}_x - \widetilde{B}_y)(x_u y_v - x_v y_u)\\
&= (\frac{d}{dx}A + \frac{d}{dy}B)J(x,y)\\
-\sqrt{\Delta}Ly &= L_\Delta y = (\widetilde{A}_y - \widetilde{B}_x)(x_u y_v - x_v y_u)\\
&= (\frac{d}{dx}B + \frac{d}{dy}C)J(x,y).
\end{aligned}
$$

Wir fassen hier A, B und C als Funktionen auf, die nur von (x, y) abhängen. Dies läßt sich erreichen, indem man die Lösung $z(x, y)$ und ihre entsprechende Ableitungen in die Koeffizienten einsetzt. Wir erhalten dann

$$\begin{aligned}
& \frac{d}{dx}A\left(x,y,z(x,y),\ldots,q(x,y)\right)+\frac{d}{dy}B\left(x,y,z(x,y),\ldots,q(x,y)\right)\\
= \;& A_x + A_z p + A_p r + A_q s + B_y + B_z q + B_p s + B_q t\\
= \;& A_x + A_z p + B_y + B_z q - A_p C + (A_q + B_p)B - B_q A\\
& + A_p(r+C) + (A_q + B_p)(s-B) + B_q(t+A)\\
= \;& -\sqrt{\Delta}h_4 - h_3(r+C) + h_2(s-B) - h_1(t+A)\\
= \;& -\sqrt{\Delta}\left(h_4 - h_3\frac{|Dy|^2}{J(x,y)} + h_2\frac{Dx\cdot Dy}{J(x,y)} + h_1\frac{|Dx|^2}{J(x,y)}\right)\\
= \;& -\frac{\sqrt{\Delta}}{J(x,y)}\left(h_1|Dx|^2 + h_2 Dx\cdot Dy + h_3|Dy|^2 + h_4 Dx\wedge Dy\right),
\end{aligned}$$

analog berechnet man

$$\begin{aligned}
& \frac{d}{dx}B + \frac{d}{dy}C\\
= \;& B_x + B_z p + B_p r + B_q s + C_y + C_z q + C_p s + C_q t\\
= \;& B_x + B_z p + C_y + C_z q - B_p C + (B_q + C_p)B - C_q A\\
& + B_p(r+C) + (B_q + C_p)(s-B) + C_q(t+A)\\
= \;& -\sqrt{\Delta}\widetilde{h}_4 - \widetilde{h}_3(r+C) + \widetilde{h}_2(s-B) - \widetilde{h}_1(t+A)\\
= \;& -\frac{\sqrt{\Delta}}{J(x,y)}\left(\widetilde{h}_1|Dx|^2 + \widetilde{h}_2 Dx\cdot Dy + \widetilde{h}_3|Dy|^2 + \widetilde{h}_4 Dx\wedge Dy\right).
\end{aligned}$$

□

Wir wollen nun noch die Bedingungen von Theorem 3.4.2 durch etwas handlichere ersetzen. Dabei bedienen wir uns wieder konformer Koordinaten.

Lemma 3.5.2. *$z \in C^{1,1}(\Omega)$ sei Lösung von (2.6). Es mögen Konstanten a, c und K_1 existieren mit*

$$|A|,\ldots,|E| \le a, \quad \Delta \ge \frac{1}{c}, \quad c > 0$$

$$|Dz| \leq K_1$$

Dann erfüllt die Abbildung $(x, y) = (x(u, v), y(u, v))$ mit $(u, v) \in B = \{u^2 + v^2 < 1\}$ aus Proposition 3.5.1 die Ungleichung

$$\int_B \left(|Dx|^2 + |Dy|^2\right) dudv \leq K(a, c, K_1)R,$$

wobei R der Radius von $\overline{B}_R$ ist.

Beweis:

$$\begin{aligned}
& \int_B \left(|Dx|^2 + |Dy|^2\right) dudv \\
= & \int_{B_R(x_0,y_0)} \frac{t + A + r + C}{\sqrt{\Delta}} J(x, y) \frac{dxdy}{J(x, y)} \\
\leq & \sqrt{c} \int_{B_R} (A + C + r + t) dxdy \\
\leq & C'' R^2 + \int_{\partial B_R} Dz \cdot \nu d\sigma \quad \text{(Gaußscher Satz)} \\
\leq & C'(R^2 + R) \leq CR
\end{aligned}$$

falls $R \leq 1$. □

Mit all diesen Überlegungen sind wir nun endlich in der Lage, eine Hölderabschätzung für die zweite Ableitung der Lösung einer MAG herzuleiten, was wegen des Heinz-Lewy-Gegenbeispiels in Abschnitt 2.1.2 nur unter gewissen strukturellen Bedingungen an die Koeffizienten A, B, C, Δ und die Lösung möglich ist.

Theorem 3.5.3. *Sei $z \in C^{1,1}$ eine Lösung der MAG (2.6). Es ist dann $z \in C^{2,\mu}_{loc}$ und für jedes $\Omega' \Subset \Omega$ gilt die Abschätzung*

$$\left\|D^2 z\right\|_{C^\mu(\Omega')} \leq C = C(\mu, a, b, c, H, d, K_1, dist(\Omega', \partial\Omega)),$$

falls die Bedingungen 1.,2. und 3. der folgenden Liste erfüllt sind. Die Abschätzung bleibt richtig, falls nur die Bedingungen 2. und 4. erfüllt sind, dann ist C jedoch noch von σ und $K_{1,\sigma}$ abhängig.

1. Es existiert eine Konstante K_1 *mit*

$$|Dz| \leq K_1$$

2. Es sind $A, B, C \in C^1(\Omega \times \mathbb{R}^3), \Delta \in C^\mu(\Omega \times \mathbb{R}^3)$ *für ein* $\mu, 0 < \mu < 1$.

$$\begin{aligned} |A|, |B|, |C|, |E| &\leq a \\ |A_x|, \ldots, |C_q| &\leq b, \\ \Delta = AC - B^2 + E &\geq \frac{1}{c}, \\ [\Delta]_\mu^{\Omega \times \mathbb{R}^3} &\leq H. \end{aligned}$$

Die folgenden Funktionen sind Lipschitzstetig mit Schranke d, d.h..

$$\begin{aligned} \phi_1(x,y) &= A_p \\ \phi_2(x,y) &= A_q + 2B_p \\ \phi_3(x,y) &= C_q + 2B_q \\ \phi_4(x,y) &= C_q \end{aligned}$$

$$[\phi_1]_{0,1}^\Omega, \ldots, [\phi_4]_{0,1}^\Omega \leq d.$$

3. Es sei Δ *ausschließlich von* x, y *und* z *abhängig.*

4. Es gebe Konstanten σ, $0 < \sigma < 1$ *und* $K_{1,\sigma}$ *mit*

$$|Dz| + [Dz]_\sigma^\Omega \leq K_{1,\sigma}. \tag{3.24}$$

Beweis: Es gelten die Annahmen 1.,2. und 3. Die Funktion

$$\Delta(x,y) = \Delta(x,y,z(x,y))$$

ist dann von der Klasse $C^\mu(\Omega)$, und es gibt eine Abschätzung der Form

$$[\Delta]_\mu^\Omega \leq C.$$

Dann kann man mittels einer Campanato-Technik [4, 7] und der Legendreartigen Transformation

$$\begin{aligned} u &= x \\ v &= q = z_y(x, y) \end{aligned}$$

zeigen, daß $z \in C^{2,\mu}_{\text{loc}}(\Omega)$ und

$$\left[D^2 z\right]_{\mu}^{\Omega'} \leq C(\ldots, dist(\Omega', \partial\Omega)).$$

Siehe dazu [31, Thm. 3.4.3].

Es bleibt noch die Beschränktheit von $D^2 z$ zu zeigen. Dies erfolgt mit der in den letzten Abschnitten entwickelten Technik.

Wir wissen, daß der Homöomorphismus $(x, y) = (x(u, v), y(u, v))$ von $\overline{B}$ auf $\overline{B}_R = \overline{B}_R(x_0, y_0) \subset \Omega$ aus Proposition 3.5.1 von der Klasse $C^{1,\mu}_{\text{lok}}(B)$ ist und das Integral

$$\int_B \left(|Dx|^2 + |Dy|^2\right) dudv$$

wegen Lemma 3.5.2 endlich ist. Der Homöomorphismus erfüllt wegen Proposition 3.5.1 die Gleichungen

$$\frac{t + A}{\sqrt{\Delta}} = \frac{|Dx|^2}{J(x, y)}, \tag{3.25}$$

$$-\frac{s - B}{\sqrt{\Delta}} = \frac{Dx \cdot Dy}{J(x, y)}, \tag{3.26}$$

$$\frac{r + C}{\sqrt{\Delta}} = \frac{|Dy|^2}{J(x, y)} \tag{3.27}$$

und das Heinz-Lewy-System

$$\begin{aligned} Lx &= h_1 |Dx|^2 + h_2 Dx \cdot Dy + h_3 |Dy|^2 + h_4 Dx \wedge Dy, \\ Ly &= \widetilde{h}_1 |Dx|^2 + \widetilde{h}_2 Dx \cdot Dy + \widetilde{h}_3 |Dy|^2 + \widetilde{h}_4 Dx \wedge Dy, \end{aligned}$$

mit den in Proposition 3.5.1 definierten Funktionen $h_1, \ldots, \widetilde{h}_4$.

An dieser Stelle zeichnet sich bereits ab, daß man, um eine Abschätzung für beispielsweise t zu bekommen, nur noch $|Dx|$, $\sqrt{\Delta}$ und A nach oben und $J(x,y)$ nach unten abschätzen muß, da man lediglich Gleichung (3.25) umzustellen hat. Diese Abschätzungen liefert uns Theorem 3.4.2, jedoch haben wir dort nur eine Selbstabbildung von Kreisscheiben. Dies stellt aber kein Hindernis dar, da wir oBdA

$$B_R(x_0,y_0) = B = \{x^2+y^2<1\}$$

annehmen können, da die Funktion

$$\widetilde{z} = z(x_0+Rx, y_0+Ry)$$

die MAG (2.6) mit Koeffizienten der Form

$$\widetilde{A} = R^2 A(x_0+Rx, y_0+Ry, \ldots)$$

löst, welche die Annahme 2. ebenfalls erfüllen, jetzt jedoch noch von R abhängen.

Die Voraussetzungen von Theorem 3.4.2 decken sich mit den Bedingungen 1. und 2., insbesondere die Lipschitzstetigkeit:

$$\begin{aligned}
\omega_1(x,y) &= \widetilde{h}_1(x,y) = -C_q = -\phi_4,\\
\omega_2(x,y) &= h_1(x,y) - \widetilde{h}_2(x,y) = -2B_q - C_p = -\phi_3,\\
\omega_3(x,y) &= h_2(x,y) - \widetilde{h}_3(x,y) = A_q + 2B_p = -\phi_2,\\
\omega_4(x,y) &= h_3(x,y) = -A_p = -\phi_1.
\end{aligned}$$

Damit gilt für jede Kreisscheibe $B_r = \{u^2+v^2<r^2\}, 0<r<1$ eine Abschätzung der Form

$$\begin{aligned}
\|(x,y)\|_{C^{1,\mu}(B_r)} &\leq C(\ldots,r),\\
J(x,y) &\geq c(\ldots,r) > 0.
\end{aligned}$$

Dies gilt insbesondere für $r=\frac{1}{2}$. Somit ist

$$\begin{aligned}
|Dx(0)|, |Dy(0)| &\leq C,\\
(J(x,y))(0) &\geq c.
\end{aligned}$$

Da man die Beschränktheit von $|A|, |B|, |C|, |E|$ und damit von $|\Delta|$ vorausgesetzt hat und ferner die Jacobideterminante $J(x,y)$ nach oben abschätzbar ist, kann man die Gleichungen (3.21),(3.22) und (3.23) zu

$$\begin{aligned} |t| &= \left| \frac{|Dx|^2 \sqrt{\Delta}}{J(x,y)} - A \right|, \\ |s| &= \left| B - \frac{Dx \cdot Dy \sqrt{\Delta}}{J(x,y)} \right|, \\ |r| &= \left| \frac{|Dy|^2 \sqrt{\Delta}}{J(x,y)} - C \right| \end{aligned}$$

umformen. Die jeweils rechte Seite der Gleichung kann nun trivial abgeschätzt werden, und man erhält somit

$$\left| D^2 z(0) \right| \leq C,$$

was eigentlich

$$\left| D^2 z(x_0, y_0) \right| \leq C(\ldots, R) \tag{3.28}$$

bedeutet, da wir angenommen hatten, daß $B_R(x_0, y_0) = \{x^2 + y^2 < 1\}$. Die Konstante C allerdings hängt nur noch vom Radius R, nicht von (x_0, y_0) ab. Somit gilt die Abschätzung (3.28) auf jedem $\Omega' \Subset \Omega$, wobei die R-Abhängigkeit der Konstanten in eine Abhängigkeit von $dist(\Omega', \partial\Omega)$ übergeht.

Falls nur die Bedingungen 2. und 4. erfüllt sind, ist

$$\Delta(x,y) = \Delta(x, y, z(x,y), \ldots, q(x,y))$$

von der Klasse $C^{\mu}(\Omega)$, jedoch gibt es nur eine Abschätzung der Form

$$[\Delta(x,y)]^{\Omega}_{\mu'} \leq C(\ldots, \sigma, K_{1,\sigma})$$

mit

$$\mu' = \sigma\mu,$$

wie man sich leicht mit einer Art „Kettenregel" überlegen kann, denn für

$$f \in C^{\mu}(\mathbb{R}^n, \mathbb{R}^m) \text{ und } g \in C^{\sigma}(\mathbb{R}^l, \mathbb{R}^n), \quad l, m, n \in \mathbb{N}$$

und $\forall x, y \in \mathbb{R}^l$ gilt

$$\frac{|f(g(x)) - f(g(y))|}{|x-y|^{\sigma\mu}} \leq \frac{|f(g(x)) - f(g(y))|}{|g(x)-g(y)|^{\mu}} \frac{|g(x)-g(y)|^{\mu}}{|x-y|^{\sigma\mu}}$$

$$\leq [f]_{\mu}([g]_{\sigma}])^{\mu},$$

falls $g(x) \neq g(y)$ ist. Anderenfalls ist aber $f(g(x)) = f(g(y))$ und damit die Ungleichung

$$\frac{|f(g(x)) - f(g(y))|}{|x-y|^{\sigma\mu}} \leq [f]_{\mu}([g]_{\sigma}]^{\mu})$$

ebenfalls richtig. Somit folgert man

$$f \circ g \in C^{\sigma\mu}(\mathbb{R}^l, \mathbb{R}^m).$$

Abschätzungen für den Absolutwert von $D^2 z$ können jedoch wie vorher hergeleitet werden. Dies bedeutet allerdings, daß Voraussetzung 4. mit $\sigma = 1$ erfüllt ist, und die Hölderstetigkeit von $D^2 z$ folgt wieder aus dem ersten Teil des Beweises. □

Zusammenfassung: In diesem Kapitel haben wir eine a-priori-Abschätzung der zweiten Ableitung der Lösungen MAG berechnet sowie deren lokale Hölderstetigkeit nachgewiesen, also die Regularität der Lösung verbessert. Diese Aussagen können nur unter gewissen Voraussetzungen gelten, wie bereits das Gegenbeispiel von Heinz und Lewy in Abschnitt 2.1.2 gezeigt hat. Zur Herleitung der Ergebnisse haben wir die in den letzten Kapiteln entwickelte Theorie über konforme Abbildungen und uniformisierende Parameter benutzt.

Um nun das Weylsche Einbettungsproblem zu lösen, müssen wir Theorem 1.3.2 nachweisen, und, obwohl es der zentrale Punkt im Nachweis der Abgeschlossenheit von $M''_{4+\alpha}$ ist, ist damit Gleichung (1.1) noch nicht gezeigt. Dieses Problem wollen wir im letzten Kapitel in Angriff nehmen.

Kapitel 4

Die Lösung des Weylschen Einbettungsproblems

Mit der im letzten Abschnitt hergeleiteten Abschätzung sind wir in der Lage, das Weylsche Einbettungsproblem zu lösen. Neben einem vorbereitenden Lemma beweisen wir den Approximationssatz Theorem 1.3.2, mit dessen Hilfe eine Lösung von Punkt (C) aus Abschnitt 1.3 möglich ist, woraus dann Gleichung (1.1) leicht folgt.

Das folgende Lemma macht zunächst eine Regularitätsaussage über die Flächen in S_2.

Lemma 4.0.4. *Falls die Fläche $X \in S_2$ und ihre erste Fundamentalform in $M'_{m+\beta}$ ist, dann ist $X \in S_{m+\beta}(m \geq 2, m \in \mathbb{N}, 0 < \beta < 1)$.*

Beweis: [21], Theorem 3 □

Dieses Resultat basiert auf Ergebnissen von Hopf [16], allerdings fordert man dort noch die Hölderstetigkeit der zweiten Ableitung der lokalen Parametrisierung der Fläche X. Nirenberg [20] hat diese Aussage verstärkt und einen Wegfall der Hölderbedingung erreicht.

Wir werden nun die Abschätzungen aus Theorem 3.5.3 auf konvexe, geschlossene Flächen anwenden:

Lemma 4.0.5. *$X \in S_2$ sei eine geschlossene, konvexe Fläche mit ds^2 als erste Fundamentalform, $ds^2 \in M'_{4+\alpha}$, $0 < \alpha < 1$.*

Dann existieren Konstanten c und $\beta, 0 < \beta < 1$, die nur von $\|ds^2\|_4$ und oberen Schranken für $\frac{1}{\delta}$ (der Determinante der ersten Fundamentalform) und $\frac{1}{K}$ (dem reziproken der Gaußkrümmung von ds^2) abhängen, so daß

$$\|X\|_{2+\beta} \leq c. \tag{4.1}$$

Beweis: Wie in Abschnitt 2.3 erwähnt, folgt aus einer Abschätzung der Form

$$\|\rho\|_{2+\beta} \leq c_1 \tag{4.2}$$

sofort eine Abschätzung für X wie (4.1). Die Funktion ρ erfüllt die Differentialgleichung (2.16). Diesen Umstand machen wir uns zunutze, um die Abschätzung (4.2) zu zeigen. Wir müssen dann X und erste Ableitungen von X abschätzen, um wirklich alle Ableitungen von X abzuschätzen. Dies jedoch wird en passant geschehen.

Um (4.2) zu erhalten, ist es nötig, die Voraussetzungen für Theorem 3.5.3 zu prüfen und danach zu zeigen, daß die Konstante c nur von $\|ds^2\|_4$ und Schranken für $\frac{1}{\delta}$ und $\frac{1}{K}$ abhängt. Hier und im folgenden ist mit E stets die Komponente der quadratischen Form und nicht der Koeffizient der MAG (2.6) gemeint. Dieser Notationskonflikt sollte den Leser jedoch nicht weiter beunruhigen, da wir uns sowieso nur auf Gleichung (2.7) beziehen, in der nur noch A, B, C und Δ vorkommen.

Im übrigen müssen die Bedingungen aus Theorem 3.5.3 nur auf der Lösungsfläche erfüllt sein. Es genügt dann, die Stetigkeit und die jeweilige Eigenschaft auf der Lösungsfläche nachzuweisen. Wir können nämlich die Differentialgleichung so modifizieren, daß die neuen Koeffizienten zwar die Bedingung erfüllen, jedoch die ursprüngliche Lösung erhalten bleibt. Zur Motivation dient das folgende

Beispiel

Betrachte das Anfangswertproblem

$$x(0) = 1 \qquad \dot{x} + x = 0$$

gegeben auf $]-1,1[$. Es besitzt die eindeutige Lösung $x(t) = e^{-t}$. Die Funktion

$$f(u,v) = u + v$$

ist unbeschränkt, und man kann mit ihr die Differentialgleichung auch schreiben als

$$f(x,\dot{x}) = \dot{x} + x = 0.$$

Betrachte nun das Anfangswertproblem

$$\tilde{f}(x,\dot{x}) = 0 \quad x(0) = 0 \text{ mit } \tilde{f}(u,v) := f(u,v)\eta(u,v),$$

wobei $\eta \in C_0^\infty(\mathbb{R}^2)$ und

$$\eta(u,v) = \left\{ \begin{array}{ll} 1 & u^2+v^2 < 100 \\ 0 & u^2+v^2 > 1000 \end{array} \right\}.$$

Dann ist wegen

$$\tilde{f}(e^{-t}, -e^{-t}) = (e^{-t} - e^{-t})\eta(e^{-t}, -e^{-t}) = 0$$

unsere ursprüngliche Lösung auch Lösung dieser Differentialgleichung, jedoch ist $\tilde{f}$ beschränkt. Es ist

$$\tilde{f}|_{u^2+v^2<100} = f|_{u^2+v^2<100}.$$

Nachweis von 1. aus Theorem 3.5.3:

$$D\rho = \begin{pmatrix} \rho_u \\ \rho_v \end{pmatrix}$$

Es existieren dann Konstanten c_2 und c_3 mit

$$\rho_u = \frac{1}{2}(X \cdot X)_u = X \cdot X_u, \; \rho_v = \frac{1}{2}(X \cdot X)_v = X \cdot X_v$$

$$
\begin{aligned}
|\rho_u| &= |X \cdot X_u| \le |X|\,|X_u| \le c_2, \\
|\rho_v| &= |X \cdot X_v| \le |X|\,|X_v| \le c_3,
\end{aligned}
$$

denn der *Satz von Gauß-Bonnet* liefert eine obere Schranke für $\|X\|$, die nur von der Gaußkrümmung abhängt. X_u und X_v sind beschränkt, da die Koeffizienten der ersten Fundamentalform sich nach (2.9) durch Ableitungen von X ausdrücken lassen. Wäre eine der Ableitungen unbeschränkt, so auch ein Koeffizient der ersten Fundamentalform, was sofort zum Widerspruch führt.

Nachweis von 2. aus Theorem 3.5.3:

Es ist

$$
\begin{aligned}
A(u,v,\rho,p,q) &= -\Gamma^1_{11}(u,v)p - \Gamma^2_{12}(u,v)q - E(u,v) \\
B(u,v,\rho,p,q) &= -\Gamma^1_{22}(u,v)p - \Gamma^2_{22}(u,v)q - G(u,v) \\
C(u,v,\rho,p,q) &= -\Gamma^1_{12}(u,v)p - \Gamma^2_{12}(u,v)q - F(u,v)
\end{aligned}
$$

und mit *Einsteinscher Summenkonvention*

$$
\Gamma^k_{ij} := \frac{1}{2} g^{kl}(\partial_i g_{jl} + \partial_j g_{li} - \partial_l g_{ij})
$$

wobei

$$
(g_{ij})_{1\le i,j\le 2} := \begin{pmatrix} E & F \\ F & G \end{pmatrix}
$$

und

$$
(g^{ij})_{1\le i,j\le 2} = \frac{1}{EG-F^2} \begin{pmatrix} G & -F \\ -F & E \end{pmatrix}.
$$

Es ergibt sich

$$
\begin{aligned}
\Delta &= \delta^2 K[2\rho - \frac{1}{\delta^2}(E\rho_v^2 - 2F\rho_u\rho_v + G\rho_u^2)] \\
&= (EG-F^2)K(X \cdot X_3)^2
\end{aligned}
$$

mit

$$
X_3 = \frac{1}{\delta} X_u \times X_v
$$

und als Folge des *Theorema Egregium* ergibt sich für die Gaußkrümmung K wieder mit *Einsteinscher Summenkonvention*:

$$\begin{aligned} K(u,v) &= \frac{g_{l2}(\partial_2\Gamma^l_{11} - \partial_1\Gamma^l_{21} + \Gamma^m_{11}\Gamma^l_{2m} - \Gamma^m_{21}\Gamma^l_{1m})}{g_{11}g_{22} - (g_{12})^2} \\ &= \frac{1}{\delta^2} g_{l2}(\partial_2\Gamma^l_{11} - \partial_1\Gamma^l_{21} + \Gamma^m_{11}\Gamma^l_{2m} - \Gamma^m_{21}\Gamma^l_{1m}). \end{aligned}$$

Da

$$ds^2 \in M'_{4+\alpha},$$

und A, B und C lediglich lineare Polynome in p und q sind, sind sie differenzierbar in (u, v, ρ, p, q). Bleibt zu zeigen, daß diese Koeffizienten und deren ensprechende Ableitungen endlich bleiben. Es genügt, diese Eigenschaften auf der Lösungsfläche

$$\{(x, y, z(x, y), p(x, y), q(x, y)|(x, y) \in \Omega\}$$

nachzuweisen. Aufgrund der Stetigkeit bleiben diese Größen dann in einer Umgebung der Lösungsfläche beschränkt. Außerhalb dieser Umgebung kann man A,B und C dann jedoch so abändern, so daß sie auch dort alle Forderungen erfüllen. Dies impliziert, daß man eventuell zu einer anderen MAG mit modifizierten Koeffizienten übergehen muß. Die Lösung allerdings bleibt, da wir lediglich Änderungen *außerhalb* der Lösungsfläche vorgenommen haben, dieselbe.

Es ist

$$\begin{aligned} |A| &\leq \left|\Gamma^1_{11}\right| |\rho_u| + \left|\Gamma^2_{12}\right| |\rho_v| + |E| \\ |B| &\leq \left|\Gamma^1_{22}\right| |\rho_u| + \left|\Gamma^2_{22}\right| |\rho_v| + |G| \\ |C| &\leq \left|\Gamma^1_{12}\right| |\rho_u| + \left|\Gamma^2_{12}\right| |\rho_v| + |F| \end{aligned}$$

auf der Lösungsfläche. Wie bereits erwähnt, sind $|\rho_u|, |\rho_v|$ endlich auf der gesamten Fläche. Für die Christoffelsymbole gilt

$$|\Gamma^k_{ij}| \leq \frac{1}{2}\sum_{l=1}^{2} \left|g^{kl}\right| (|\partial_i g_{jl}| + |\partial_j g_{li}| + |\partial_l g_{ij}|)$$

Die Ableitungen des metrischen Tensors g_{ij} sind alle endlich, da $\left\|ds^2\right\|_4$ als endlich vorausgesetzt wurde. Für den inversen metrischen Tensor gilt

$$\left(\left|g^{kl}\right|\right)_{1\leq i,j\leq 2} = \frac{1}{\delta^2}\begin{pmatrix} |G| & |F| \\ |F| & |E| \end{pmatrix}$$

Es ist $\delta^2 = EG - F^2 > 0$ auf der gesamten Fläche, und da ds^2 positiv definit ist, gibt es auch eine Konstante c_4 unabhängig von (u,v) mit

$$\delta^2 \geq c_4 > 0,$$

da die Fläche kompakt ist. Somit sind die Koeffizienten von $\left(g^{kl}\right)_{1\leq i,j\leq 2}$ auf der ganzen Fläche beschränkt, also dort auch alle Christoffelsymbole , woraus die Endlichkeit von A, B und C folgt. Es ist

$$\begin{aligned}
A_u &= -\partial_u\Gamma_{11}^1(u,v)p - \partial_u\Gamma_{12}^2(u,v)q - \partial_u E(u,v),\\
A_v &= -\partial_v\Gamma_{11}^1(u,v)p - \partial_v\Gamma_{12}^2(u,v)q - \partial_v E(u,v),\\
A_p &= -\Gamma_{11}^1(u,v),\\
A_q &= -\Gamma_{22}^1(u,v),\\
B_u &= -\partial_u\Gamma_{22}^1(u,v)p - \partial_u\Gamma_{22}^2(u,v)q - \partial_u G(u,v),\\
B_v &= -\partial_v\Gamma_{22}^1(u,v)p - \partial_v\Gamma_{22}^2(u,v)q - \partial_v G(u,v),\\
B_p &= -\Gamma_{22}^1(u,v),\\
B_q &= -\Gamma_{22}^2(u,v),\\
C_u &= -\partial_u\Gamma_{12}^1(u,v)p - \partial_u\Gamma_{12}^2(u,v)q - \partial_u F(u,v),\\
C_v &= -\partial_v\Gamma_{12}^1(u,v)p - \partial_v\Gamma_{12}^2(u,v)q - \partial_v F(u,v),\\
C_p &= -\Gamma_{12}^1(u,v),\\
C_q &= -\Gamma_{12}^2(u,v).
\end{aligned}$$

Wie wir anhand obiger Liste sehen, sind die Ableitungen der Koeffizienten A,B und C beschränkt, falls es die Ableitungen der Christoffelsymbole sind, da sie ansonsten entweder nur lineare Polynome in p und q sind oder aus den Christoffelsymoblen selbst bestehen, deren Beschränktheit bereits gezeigt wurde. Bleibt also die Beschränktheit der Ableitungen der Christoffelsymbole zu zeigen:

$$\partial_u \Gamma^k_{ij} = \frac{1}{2}\left(\partial_u g^{kl}\right)(\partial_i g_{jl} + \partial_j g_{li} - \partial_l g_{ij}) + \frac{1}{2} g^{kl} \partial_u (\partial_i g_{jl} + \partial_j g_{li} - \partial_l g_{ij}).$$

Sie bestehen also im wesentlichen aus Termen, die bereits beschränkt sind. Lediglich die Ableitung des inversen Metrischen Tensors g^{ij} ist noch von Interesse. Es gilt:

$$\left(\partial_u g^{ij}\right)_{1\le i,j\le 2} = \left(\partial_u \frac{1}{EG-F^2}\right)\begin{pmatrix} G & -F \\ -F & E \end{pmatrix} + \frac{1}{EG-F^2}\begin{pmatrix} \partial_u G & -\partial_u F \\ -\partial_u F & \partial_u E \end{pmatrix}.$$

Wie wir sehen, ist der kritische Term nun $\partial_u \frac{1}{EG-F^2}$, da die Ableitungen des Metrischen Tensors selbst bis zur vierten Ordnung beschränkt sind. Für ihn gilt:

$$\partial_u \frac{1}{EG-F^2} = \frac{\partial_u \left(EG-F^2\right)}{\left(EG-F^2\right)^2}.$$

Im Zähler steht wieder eine beschränkte Größe. Vom Nenner wissen wir bereits, daß

$$\frac{1}{c_4} \ge \frac{1}{\delta^2} = \frac{1}{EG-F^2}.$$

Eine analoge Überlegung kann man auch für $\partial_v \Gamma^k_{ij}$ durchführen, womit die Beschränktheit der ersten Ableitungen der Γ^k_{ij}'s folgt.

Nachweis von 3. aus Theorem 3.5.3:

Als nächstes beweisen wir, daß die Diskriminante Δ stets größer als eine feste, von (u, v) unabhängige Konstante ist. Es ist

$$\begin{aligned} \Delta &= \delta^2 K[2\rho - \frac{1}{\delta^2}(E\rho_v^2 - 2F\rho_u\rho_v + G\rho_u^2)] \qquad (4.3) \\ &= (EG-F^2)K(X \cdot X_3)^2, \end{aligned}$$

wie man leicht aus der Herleitung der MAG (2.16) ersehen kann. Wir wissen bereits aus vorigen Überlegungen, daß $\delta^2 \geq c_4 > 0$. Für die Gaußkrümmung K gilt für eine konvexe Fläche stets

$$K > 0.$$

Nun können wir jedoch wie oben argumentieren, d.h. da $K > 0$ auf einem Kompaktum ist und

$$K : \mathcal{S}^2 \longrightarrow \mathbb{R}$$

stetig ist, gibt es eine Konstante c_5 mit

$$K \geq c_5 > 0.$$

Den Term $(X \cdot X_3)^2$ kann man mittels einer geometrischen Überlegung behandeln. Dieser Ausdruck ist gerade das Quadrat des Abstandes vom Ursprung zur Tangentialebene im Punkte X, da ja

$$X_3 = \frac{1}{\delta}\,(X_u \times X_v)$$

die innere Einheitsnormale ist. Das Minimum dieser Größe ist nach Voraussetzung positiv, da wir den Ursprung als Mittelpunkt der größten Kugel, die in X eingeschrieben werden kann, gewählt hatten (siehe Abschnitt 2.3). Es ist übrigens immer möglich, eine Kugel so in eine konvexe Fläche einzuschreiben, siehe [3, Abschnitt 24]. Damit ist die Diskriminante Δ größer als eine positive Konstante $\frac{1}{c_7}$.

Es ist

$$|\Delta| \leq c_6,$$

da die Diskriminante stetig ist und auf der Lösungsfläche aus Funktionen zusammengesetzt ist, deren Beschränktheit bereits gezeigt wurde. Insbesondere ist Δ in (u, v) beschränkt, so daß man Δ bei Bedarf mit einer Abschneidefunktion $\eta = \eta(\rho, p, q) \in C_0^\infty(\mathbb{R}^3)$ multiplizieren kann, ohne die Lösung der Gleichung zu ändern.

Nachweis von 4. aus Theorem 3.5.3:

Es ist

$$[\Delta]_{\mu}^{\Omega\times\mathbb{R}^3} \leq H,$$

denn Δ ist stetig differenzierbar in (u, v, ρ, p, q), weil E, F und G differenzierbar sind und die Diskriminante nur ein Polynom in (ρ, p, q) ist. Wieder durch eine Abschneidefunktion kann man erreichen, daß

$$\Delta \geq \frac{1}{c_7} \quad 0 < c_7 < \infty$$

beibehalten wird, jedoch Δ sogar global Lipschitzstetig wird. Da die Kreisscheiben R_1' und R_2' kompakt und konvex sind und außerdem glatten Rand besitzen, gilt

$$C^{\mu}(R_i' \times \mathbb{R}^3) \supset C^{0,1}(R_i' \times \mathbb{R}^3) \quad i = 1, 2.$$

Nun zu den Funktionen

$$\begin{aligned}
\phi_1(u,v) &= A_p = -\Gamma_{11}^1, \\
\phi_2(u,v) &= A_q + 2B_p = -\Gamma_{12}^2 - 2\Gamma_{22}^1, \\
\phi_3(u,v) &= C_p + 2B_q = -\Gamma_{12}^1 - 2\Gamma_{22}^2, \\
\phi_4(u,v) &= C_q = -\Gamma_{12}^2.
\end{aligned}$$

Alle Ableitungen der Christoffelsymbole sind endlich, wie bereits nachgewiesen wurde, deshalb gibt es auch eine Lipschitzkonstante d mit

$$[\phi_1]_{0,1}^{\Omega}, \ldots, [\phi_4]_{0,1}^{\Omega} \leq d.$$

Nach dem zweiten Teil des Beweises von Theorem 3.5.3 sind nun alle Bedingungen erfüllt, um $D^2\rho$ abzuschätzen. Es folgt also

$$\left\|D^2\rho\right\|_{C_1^0(R_i'')} \leq C\left(\ldots, dist(\partial R_i', R_i'')\right), \ i = 1, 2.$$

Da wie bereits erwähnt,

$$\varphi(R_1'') \cap \psi(R_2'') \neq \emptyset, \ \varphi(R_1'') \cup \psi(R_2'') = \mathcal{S}^2,$$

und jeder Kartenwechsel endlich ist, gibt es eine Abschätzung auf ganz $\mathcal{S}^2$, also gilt die globale Abschätzung

$$\left\|D^2\rho\right\|_{C_2^0(\mathcal{S}^2)} \leq C(\ldots),$$

insbesondere auch wieder auf R_i', $\quad i = 1, 2$. Diese Abschätzung impliziert bereits (3.24). Wir bekommen somit eine lokale Hölderabschätzung, die wir wieder in obiger Weise globalisieren können. Es gibt also eine Abschätzung der Form

$$\|\rho\|_{2,\mu} \leq C(\mu, a, b, c, H, d, K_{1,\sigma}, \sigma).$$

Um endlich den Approximationssatz 1.3.2 zeigen zu können, benötigen wir eine Abschätzung durch eine Konstante, die nur von $\left\|ds^2\right\|_4$ und Schranken für $\frac{1}{\delta}$ und $\frac{1}{K}$ abhängt.

Die Abhängigkeit von σ ist ohne Belang, da wir sowieso $\mu = \sigma = 1$ wählen können. Die Abhängigkeit von H, d und $K_{1,\sigma}$ kann auf $\left\|ds^2\right\|_4$ sowie Schranken für $\frac{1}{\delta}$ und $\frac{1}{K}$ zurückgeführt werden. Es gibt keine Abhängigkeit von $dist(\partial R_i', R_i'')$, da wir die Abschätzung globalisieren konnten. Wie schon oft erwähnt, folgt aus der Abschätzung für ρ sofort

$$\|X\|_{2,\mu} \leq c,$$

wobei c jetzt nur noch von den gewünschten Konstanten abhängt. □

Bemerkung: Betrachtet man noch einmal das *Heinz-Lewy-Gegenbeispiel*, so erkennt man, daß die wesentliche Bedingung zum Erhalt dieser Abschätzungen der Nachweis der globalen Lipschitzstetigkeit von $\phi_1, \ldots, \phi_4$ ist. Alle anderen Bedingungen werden auch von der Gleichung im Gegenbeispiel erfüllt.

Doch nun zum Approximationssatz, dessen Aussage wir an dieser Stelle noch einmal wiederholen:

Theorem 1.3.2 *Sei ds^2 eine quadratische Form in M_4'. $\left(ds_i^2\right)_{i\in\mathbb{N}}$ sei eine Folge quadratischer Formen mit*

$$ds_i^2 \in M_{4+\alpha_i}'',\ 0 < \alpha_i < 1,\ i = 1, 2, 3, \ldots$$

so daß gelte

$$\lim_{i\to\infty} \left\| ds_i^2 - ds^2 \right\|_4 = 0.$$

Dann ist

$$ds^2 \in M_4''.$$

In Worten:

Es existiert dann eine konvexe, geschlossene Fläche $X \in S_2$ mit ds^2 als erste Fundamentalform.

Falls $ds^2 \in M'_{m+\beta}$, $m \in \mathbb{N}$, $m \geq 4$, $0 < \beta < 1$, dann ist $X \in S_{m+\beta}$.

Beweis: Nach Lemma 4.0.4 ist $X \in S_3$, und die letzte Aussage gilt.

Da ds_i^2 in der $\|.\|_4$-Norm konvergiert, folgt sofort

$$\left\| ds_i^2 \right\| \leq c \quad \forall i,$$

wobei c nicht von i abhängt. Da die Koeffizienten von ds_i^2 zusammen mit den ersten und zweiten Ableitungen gegen die von ds^2 konvergieren, weiß man, daß die Funktionen $\frac{1}{\Delta_i}$ und $\frac{1}{K_i}$ gleichmäßig durch eine Konstante h (unabhängig von i) beschränkt sind.

Da $ds_i^2 \in M''_{4+\alpha}$, gibt es eine konvexe Fläche $X_i(u,v)$ in S_2 mit ds_i^2 als erste Fundamentalform. Nach Lemma 4.0.4 ist X_i in S_{4+a_i}. Wir wenden nun die a-priori-Abschätzung aus Lemma 4.0.5 auf X_i an und erhalten

$$\|X_i\|_{2+\beta} \leq c,$$

wobei die Schranke c wieder gleichmäßig in i ist. Dies jedoch impliziert nach dem *Satz von Arzelà-Ascoli* die gleichgradige Stetigkeit von X_i und der ersten und zweiten Ableitung. Wir können also eine Teilfolge von $(X_i)_{i\in\mathbb{N}}$ auswählen, welche zusammen mit der ersten und zweiten Ableitung gleichmäßig gegen eine geschlossene Fläche $X(u,v)$ konvergiert. Auch für sie gilt

$$\|X_i\|_{2+\beta} \leq c.$$

Außerdem hat diese Fläche ds^2 als erste Fundamentalform, da die erste Ableitung von X_i, aus der die Koeffizienten von ds_i^2 bestehen, gleichmäßig gegen die erste Ableitung von X konvergiert, ebenso gilt

$$\left\|ds_i^2 - ds^2\right\|_4 \longrightarrow 0.$$

Die Fläche ist konvex, da aus ds^2 bereits positive Gaußkrümmung folgt. Damit sind alle Kriterien erfüllt und $ds^2 \in M_4''$. □

Theorem 4.0.6 (Lösung des Weylschen Einbettungsproblems). *Es ist*

$$M_4'' = M_4'.$$

Beweis: Es sind nun die Punkte (A),(B) und (C) erfüllt, damit auch Gleichung 1.2. Da $M_{4+\alpha}''$ nicht leer, offen und abgeschlossen in $M_{4+\alpha}'$ sowie zusammenhängend ist, gilt

$$M_{4+\alpha}'' = M_{4+\alpha}'. \tag{4.4}$$

Um $M_4'' = M_4'$ zu zeigen, approximiere $ds^2 \in M_4'$ durch eine Folge von quadratischen Formen $ds_i^2 \in M_{4+a_i}', 0 < \alpha_i < 1$, so daß

$$\left\|ds_i^2 - ds^2\right\|_4 \longrightarrow 0.$$

Nach Gleichung (1.2) bzw. (4.4) folgt

$$ds_i^2 \in M_{4+\alpha_i}''.$$

Aus dem Approximationssatz 1.3.2 folgt dann, daß $ds^2 \in M_4''$. Damit ist alles gezeigt. □

4.1 Zusammenfassung

Ausgehend vom Weylschen Einbettungsproblem in $\mathbb{R}^3$ haben wir eine analytische Umformung desselben vorgenommen. Diese führte uns dann auf direkten Wege zu Monge-Ampèresche Differentialgleichungen, da wir eine C^2-Abschätzung der Parametrisierung der Fläche benötigten, um die Abgeschlossenheit von M_4'' in M_4' zu zeigen. Hauptproblem der Differentialgleichung war ihre (volle [1]) Nichtlinearität, d.h sie ist weder semi- noch quasilinear. Die Idee von F. Schulz [31] war es, analog zur Parametrisierung einer Kurve nach ihrer Bogenlänge ein charakteristisches Parameterpaar (u, v) für eine Fläche einzuführen, so daß die erste Fundamentalform der Fläche in ihre kanonische Form

$$ds^2 = \Lambda(du^2 + dv^2) \text{ übergeht.}$$

Glücklicherweise ist man in der Lage, dies mittels konformen Abbildungen und Methoden der Funktionentheorie zu bewerkstelligen und so die gewünschten Abschätzungen zu erhalten. Dies ermöglicht uns, die ursprünglichen Abschätzungen aus [20] zu ersetzen und Nirenbergs Beweis aus [21] zu vereinfachen. Etwas unbefriedigend ist allerdings, daß wohl niemand seit 1953 entscheidende Fortschritte gemacht hat, geringere Anforderungen an die Regularität der ersten Fundamentalform zu stellen. Es wird schließlich eine viermalige Differenzierbarkeit derselben verlangt. Ziel muß es sein, lediglich Lipschitzstetigkeit zu fordern. Dies scheint jedoch noch nicht in Sicht.

---

[1] In der englischsprachigen Literatur spricht man von *fully nonlinear equation*

Literaturverzeichnis

[1] A. D. Alexandrow. *Die innere Geometrie der konvexen Flächen.* Akademie-Verlag, 1955.

[2] T. Aubin. *Nonlinear analysis on manifolds. Monge-Ampère equations.* Springer, 1982.

[3] W. Blaschke. *Kreis und Kugel.* Leipzig, 1916.

[4] S. Campanato. Proprietà di Hölderianità di alcune classi di funzione. *Ann. Scuola Norm. Sup. Pisa*, 17:175–188, 1963.

[5] S. Campanato. Proprietà di una famiglia di spazi funzionali. *Ann. Scuola Norm. Sup. Pisa*, 18:137–160, 1964.

[6] S. Campanato. Equazioni ellitiche del II ordine e spazi $L^{(2,\lambda)}$. *Ann. Mat. Pura Appl.*, 69:321–381, 1965.

[7] S. Campanato. Sistemi ellittici in forma divergenza. Regolarità all'interno. Quaderni. *Pisa: Scuola Normale Superiore*, 1980.

[8] R. Courant. *Dirichlet's principle, conformal mapping, and minimal surfaces.* New York-London: Interscience, 1950.

[9] N.S. Gilbarg, D. Trudinger. *Elliptic partial differential equations of second order.* Springer, 1983.

[10] E. Heinz. Über gewisse elliptische Systeme von Differentialgleichungen zweiter Ordung mit Anwendung auf die Monge-Ampèresche Gleichung. *Math. Ann.*, 131:411–428, 1956.

[11] E. Heinz. On elliptic Monge-Ampère equations and Weyl's embedding problem. *J. Analyse Math.*, pages 1–52, 1959.

[12] E. Heinz. Neue a-priori-Abschätzungen für den Ortsvektor einer Fläche positiver Gaußscher Krümmung durch ihr Linienelement. *Math. Z.*, 74:129–157, 1960.

[13] E. Heinz. Interior estimates for solutions of elliptic Monge-Ampère equations. *Partial Differential Equations. Proc. Sympos. Pure Math. Amer. Math. Soc.*, 4:149–155, 1961.

[14] E. Heinz. On Weyl's embedding problem. *J. Math. Mech.*, pages 421–454, 1962.

[15] E. Heinz. A-priori-Abschätzungen für isometrische Einbettungen zweidimensionaler Riemannscher Mannigfaltigkeiten in dreidimensionale Riemannsche Räume. *Math. Z.*, 100:1–16, 1967.

[16] E. Hopf. Über den funktionalen, insbesondere den analytischen Charakter der Lösungen elliptischer Differentialgleichungen zweiter Ordnung. *Mathematische Zeitschrift*, 34, II:194–233, 1931.

[17] Fritz John. *Partial Differential Equations.* Springer, 1978.

[18] J. L. Kazdan. Prescribing the curvature of a Riemannian manifold. *Conference Board of the Mathematical Sciences, Providence, Rhode Island*, 57, 1984.

[19] H. Lewy. A priori limitations for solutions of Monge-Ampère equations I, II. *Trans. Amer. Math. Soc.*, 37:417–434, 1935.

[20] L. Nirenberg. On nonlinear elliptic partial differential equations and Hölder continuity. *Communications in Pure and Applied Mathematics*, 6:103–156, 1953.

[21] L. Nirenberg. The Weyl and Minkowski problems in differential geometry in the large. *Comm. Pure Appl. Math.*, 6:337–394, 1953.

[22] A.V. Pogorelov. *Die Verbiegung konvexer Flächen.* Akademie-Verlag, 1957.

[23] A. V. Pogorelov. *Monge-Ampère equations of elliptic type.* Nordhoff, 1964.

[24] A. V. Pogorelov. Some results on surface theory in the large. *Advances Math.*, 1:191–264, 1964.

[25] A. V. Pogorelov. Extrinsic geometry of convex surfaces. *Amer. Math. Soc*, 1973.

[26] Botho Von Querenburg. *Topologie.* Springer, 1973.

[27] J. Schauder. Der Fixpunktsatz in Funktionalräumen. *Studia Math.*, 2:171–180, 1930.

[28] J. Schauder. Über lineare elliptische Differentialgleichungen zweiter Ordnung. *Math. Z.*, 38:257–282, 1934.

[29] J. Schauder. Numerische Abschätzungen in elliptischen linearen Differentialgleichungen. *Studia Math.*, 5:34–42, 1935.

[30] D. C. Schiffer, M. Spencer. *Functionals of finite Riemannian surfaces.* Princeton Univ. Press, 1954.

[31] F. Schulz. *Regularity theory for quasilinear elliptic systems and Monge-Ampère equations in two dimensions*, volume 1445. Lect. Notes Math. 1445, Springer, 1990.

[32] H. Weyl. Über die Bestimmung einer geschlossenen konvexen Fläche durch ihr Linienelement. *Vierteljahresschrift der naturforschenden Gesellschaft, Zürich*, 61:148–178, 1916.

[33] S. T. Yau. On the Ricci curvature of a compact Kähler manifold and the complex Monge-Ampère equation. *Commun. Pure Appl. Math.*, 31:339–411, 1978.

[34] E. Zeidler. *Vorlesungen über nichtlineare Funktionalanalysis.* Teubner, 1981.

Anhang A

Danksagung

An dieser Stelle möchte ich allen Personen danken, die mir während der Zeit meines Studiums und Fertigstellung der Diplomarbeit zur Seite gestanden haben.
Als allerersten möchte ich Herrn Prof. Dr. Böhme danken, der mir vom ersten Tag meines Studiums an ein Mentor war, meine Diplomarbeit betreute, mich förderte und ermutigte, was leider zu oft bitter nötig war.
Außerdem möchte ich noch Herrn M. Niemann, Herrn D. Peters, Herrn S. Böcker, Frau P. Wirth und Herrn I. Veselič für ihre Kameradschaft und Freundschaft danken.
Schließlich möchte ich allen Mitgliedern der Arbeitsgruppe Mathematische Physik (Prof. Dr. W. Kirsch) meinen Dank aussprechen, daß sie mir das Leben als Systemadministrator nicht zu schwer gemacht haben.

FSC
www.fsc.org
MIX
Papier | Fördert gute Waldnutzung
FSC® C083411

Zeitfracht Medien GmbH
Ferdinand-Jühlke-Straße 7
99095 Erfurt, Deutschland
produktsicherheit@kolibri360.de